JN237628

数学超絶難問

時代を超えて天才の頭脳に挑戦！

小野田 博一 Hirokazu Onoda

日本実業出版社

Transcendental Hard Problems in Mathematics

まえがき

　昔の人が成し遂げた快挙を，知識として知っていると，再発見する喜びが得られません——が，知らない人は，再発見して，それを生涯密かに誇りに思っていられますね。
　その「再発見」の機会を与えるのが本書の主な役割です。

　本書は，「どの問題も，たとえ何日かかっても考え抜いて解きたい」と読者が思う数学パズルの本を目指してつくった問題集です——パズルとして長時間楽しめる数学難問の本です。

　メインの読者対象として想定しているのは，「数学パズルファンとして1歩足を踏み出したばかりの高校生，およびその頃の心のままの大人」です。
　その人たちにとっての難問の本です。超絶難問もかなり入っていますが，「手頃な難問」も同様にかなり入っています（ときには「ごく簡単な問題」も）。もちろん，どれも，数学パズルファンの卵として知っておきたい内容です。
　有名な問題は可能なかぎり収めましたが，どのパズル本にも載っているような有名すぎる問題は基本的に除外しました。「この問題ならもう何度も見たよ」と読者が思う問題は，収める意味がありません

からね。

　本書で数学をパズルとして何日も，何十日も楽しんでいただけたら幸いです。

2014年4月　　　　　　　　　　　　　　　　　　　　　　小野田博一

　なお，解説はわかりやすさを優先させるために厳密さを犠牲にしている場合があります（つまり，厳密性は高校数学と同程度ということです）。その点をご承知おきください。

本文中の記号（★と◎）について
★　出題そのものではない（励ましなどの）コメントや注記
◎　解説を一旦終えたあとの補足説明，追加説明，他の問題との関連についての言及

（なお，★なしでコメントや注記が書いてある場合もあります。）

数学〈超絶〉難問
－もくじ－

まえがき

第1部
アルキメデス登場！

- **Q 1** 『成功するまでの回数の期待値』【必ず知っておきたいこと】………11
- **Q 2** 『2種のカード』【有名問題】………13
- **Q 3** 『10種のカエル』【有名問題】………15
- **Q 4** 『アルキメデスの快挙』【傾けた円柱の中の水】………17
- **Q 5** 『直交する2つの直円柱』………19
- **Q 6** 『アルキメデスの球のn等分』………21
- **Q 7** 『螺旋』………23
- **Q 8** 『重心』………25
- **Q 9** 『半円（半円盤）の重心』………31
- **Q 10** 『四分円の重心』………33
- **Q 11** 『扇形の重心』………35
- **Q 12** 『半円環の重心』………37
- **Q 13** 『半球殻の重心』………39

Q 14 『弧の重心』……41

Q 15 『等面四面体の体積』【基本問題】……43

Q 16 『正20面体』【基本問題】……45

Q 17 『正12面体を4色で塗り分ける』

【けっこう難しい基本問題】……47

Q 18 『プトレマイオスの定理』……49

Q 19 『プトレマイオスの公式』……51

Q 20 『球面三角形の面積』……53

Q 21と22 『球面と三角関数』……55

Q 23 『ヘロンの四角形』……59

第2部

中世から18世紀へ

Q 24 『ディオパントスの問題』(その1)……65

Q 25 『ディオパントスの問題』(その2)……67

Q 26 『ペル方程式』……69

Q 27 『計算家の技法』……71

Q 28 『フィボナッチ数列』……73

Q 29 『カッシーニの公式』……75

Q 30 『フィボナッチ数列の一般項』……77

Q 31 『カタラン数』……79

Q 32 『3次方程式の根』………81

Q 33 『4次方程式』………83

Q 34 『フェッラーリとタルターリアの数学公開試合の問題』

………85

Q 35 『無限積の恒等式』………87

Q 36 『ヴィエトの等式』………89

Q 37 『ケプラーのワイン樽の問題』………91

Q 38 『ド・モアブルの問題』………93

Q 39 『ビュフォンの針の問題』………95

Q 40 『球面上の2点』………97

Q 41 『円内の任意の点』………99

Q 42 『円上の2点』………101

Q 43 『デカルトの葉』………103

Q 44と45 『ヤーコプ・ベルヌーイと無限級数』(その1)

………105

Q 46 『ヤーコプ・ベルヌーイと無限級数』(その2)………109

Q 47 『破産問題・単純版』(その1)………113

Q 48 『破産問題・単純版』(その2)………115

Q 49 『破産問題・一般解』(その1)………117

Q 50 『破産問題・一般解』(その2)………119

Q 51 『ランダムウォークの基本問題』………121

Q 52 『n個から偶数個』【基本問題】………123

Q 53 『$2n+1$枚のカードから3枚』【基本的な難問】………125

Q 54 『黒く塗る』【基本的な難問】………127

第3部

ニュートンとオイラー

Q 55　『メルカトルの級数』………131

Q 56　『ln2 の近似値』………133

Q 57　『調和級数』………135

Q 58　『オイラー定数』………137

Q 59　『ライプニッツ・グレゴリー級数』………139

Q 60　『まったくの遊びの謎解き』（その１）………141

Q 61　『まったくの遊びの謎解き』（その２）………143

Q 62　『ブラウンカーの連分数』………145

●コラム　『面白い連分数』………149

Q 63　『マキンの等式』………151

Q 64　『ニュートンの二項定理』………153

●コラム　『ペル方程式 $x^2 - 71y^2 = 1$ の解を，連分数を使って探してみよう』………156

Q 65　『直線上のランダムな点との距離』………159

●コラム　『さらに，暇つぶし用のおまけ６問』………162

Q 66　『e』………163

Q 67　『ニュートンの指数級数』………165

Q 68　『e を連分数で表記』………167

Q 69　『arcsin$x$』………169

Q 70　『ニュートンの正弦級数と余弦級数』………171

- ●**コラム**　『さらに，暇つぶし用のおまけ6問（162ページ）の
  ヒント』………174
- *Q71*　『正n角形の面積』………175
- *Q72*　『球面三角形の面積』………177
- *Q73*　『ランベルトの連分数』………179
- *Q74*　『オイラーの恒等式』………181
- ●**コラム**　「ペル方程式 $x^2-Dy^2=1$ の最小解」………184
- *Q75*　『驚愕の値，i^i』………185
- *Q76*　『バーゼル問題』………187
- *Q77*　『ウォリスの等式』………189
- *Q78*　『スターリングの公式』………191
- *Q79*　『ベルヌーイ・オイラー(Bernoulli－Euler)の問題』

　………193
- ●**コラム**　『eの正則連分数』………196

★カバーデザイン＝大下賢一郎
★カバーの肖像＝（左上から時計回りで）ライプニッツ，フェルマー，
　　　　　　　オイラー
★本文ＤＴＰ＝ダーツ

第1部

アルキメデス登場!

まずは, 必ず知っておきたい点を扱う問題, 続いて, 準備運動的な問題を少々。それからアルキメデスが登場します。

Q1 『成功するまでの回数の期待値』
【必ず知っておきたいこと*】

素潜り1回であなたがリュウグウノツカイと出会う確率が、つねに p であるとします（$p \neq 0$）。

あなたがリュウグウノツカイに出会うまでに潜る回数の期待値は？

$E = 1 \cdot p$

$E = p + (1-p)p \cdot 2 + (1-p)^2 p \cdot 3 + \cdots + (1-p)^{n-1} p \cdot n + \cdots$

$1 - p = q < 1$

$E = p(1 + 2q + 3q^2 + \cdots + nq^{n-1} + \cdots)$

$= p \cdot \dfrac{q \cdot 1}{1-q}$

$\dfrac{a(r^n - 1)}{1 - r} \quad \dfrac{a(1 - r^{n-1})}{1-r}$

$\xrightarrow{n \to \infty} \dfrac{a}{1-r}$

$E = p \cdot \dfrac{1}{1-q} = 1?$

$\displaystyle\sum_{k=1}^{n} k \cdot q^{k-1}$

$S = 1 + 2q + 3q^2 + \cdots + nq^{n-1}$
$qS = q + 2q^2 + \cdots + (n-1)q^{n-1} + nq^n$

$E = p \cdot \dfrac{1}{(1-q)^2}$

$= \dfrac{1}{p}$

$(1-q)S = 1 + q + q^2 + \cdots + q^{n-1} - nq^n$

$S = \dfrac{1 - q^n}{(1-q)^2} - \dfrac{nq^n}{(1-q)}$

$n \to \infty$ のとき $S \to \dfrac{1}{(1-q)^2}$

＊「知っておきたい」とは「理解しておきたい・自力で解けるようになっておきたい」とほぼ同じ意味です。「単に暗記する」のはナンセンスです。

1

期待値を E とする。

1回目で出会う確率は p で，出会ったらその1回で終わり。

1回目で出会わない確率は $(1-p)$ で，出会わなかったらその1回のあとさらに E 回が必要。

したがって，

$E = p \cdot 1 + (1-p)(1+E) = 1 + E - Ep$

$\therefore E = \dfrac{1}{p}$

たとえば，歪みのないサイコロを，1の目が出るまで振り続けるなら，（1が出る確率は $\dfrac{1}{6}$ なので）あなたが振る回数の期待値は6回，ということです。

ちなみに，6回目までに1の目が出る確率は，$1 - \left(\dfrac{5}{6}\right)^6 \approx 0.6651$

（≈は≒と同じ意味の記号）

『2種のカード』
【有名問題】

 ある菓子の箱に，おまけとしてカードが必ず1枚入っています。カードにはAとBの2種類があり，Aが入っている確率はa，Bが入っている確率はbです（$a \neq 0$, $b \neq 0$, $a+b=1$）。

 その2種がそろうまでその菓子を買い続けるとします。

 あなたが買う菓子の個数の期待値は？

1箱目でAが出る確率は a で，その1箱ののち，Bが出るまでの箱数の期待値は $\frac{1}{b}$（前問参照）。

1箱目でBが出る確率は b で，その1箱ののち，Aが出るまでの箱数の期待値は $\frac{1}{a}$。

したがって，求める期待値 E は，

$$E = a\left(1+\frac{1}{b}\right) + b\left(1+\frac{1}{a}\right)$$
$$= 1 + \frac{b}{a} + \frac{a}{b}$$

『10種のカエル』
【有名問題】

ある菓子の箱に，おまけとしてカエルの指人形が必ず1つ入っています。カエルには10種類があり，どれも同じ確率で入っています。

その10種がそろうまでその菓子を買い続けるとします。

あなたが買う菓子の個数の期待値は？

これはCoupon collector's problemとよばれている有名な問題です。

ほとんどの人にとって本問は難問でしょうが，本書の読者は前の2問をすでに見ているので，本問を軽々と解けることでしょう。

3

1種目は1箱目で入手。

2箱目以降で2種目を入手する確率はつねに$\frac{9}{10}$。ゆえに2種目を入手するまでに買う箱数の期待値は$\frac{10}{9}$（Q1を参照のこと）。

2種目を入手ののち，3種目を入手する確率はつねに$\frac{8}{10}$。ゆえに3種目を入手するまでに買う箱数の期待値は$\frac{10}{8}$。

（中略）

9種目を入手ののち，10種目を入手する確率はつねに$\frac{1}{10}$。ゆえに10種目を入手するまでに買う箱数の期待値は$\frac{10}{1}$。

したがって，答えは，

$$1+\frac{10}{9}+\frac{10}{8}+\frac{10}{7}+\cdots+\frac{10}{2}+\frac{10}{1} = \frac{7381}{252}$$

4 『アルキメデスの快挙』
【傾けた円柱の中の水】

下図のような円柱形容器（底面の円の半径は1，円柱の高さは1）があり，水がいっぱい入っていたのですが，容器を45°傾けたところ，容器に残った水は図のようになりました。

残った水の体積は？

（じつに意外な答えです。）

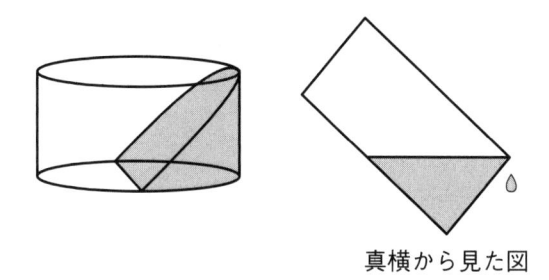

真横から見た図

アルキメデス（Archimedes, B.C.287年～B.C.212年）は，π の値の範囲を計算 $\left(\frac{223}{71} < \pi < \frac{22}{7}\right)$ したり，球の体積や表面積の値を求めたほか，さまざまな値を求めました。そのうちの1つがこれです。

プルータルコスの伝記『マルケッルス』中のところどころにアルキメデスについての伝記的な記述があります（アルキメデスの最期については p 487 に）。これはネットで読むことができます（下記）。

http://penelope.uchicago.edu/Thayer/E/Roman/Texts/Plutarch/Lives/Marcellus*.html

下図の直角二等辺三角形（グレー部分）の面積を，$x=0$ から $x=1$ まで積分した値の2倍が答えです。

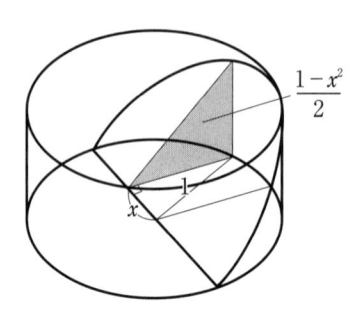

したがって，

$$V = 2\int_0^1 \frac{1-x^2}{2}dx = \left[x - \frac{x^3}{3}\right]_0^1 = \frac{2}{3}$$

底面が半円なのに，答えの値の中にπが入っていないとは，なんとも不思議なものですね。

『直交する2つの直円柱』

アルキメデスはまた，互いに直交する2つの直円柱の共有部分の体積を求めました。

すばらしいですねぇ。

底面の半径が1，高さが2の円柱2つが直交しています（下図）。
共有部分の体積は？

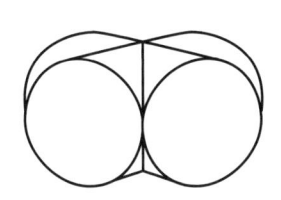

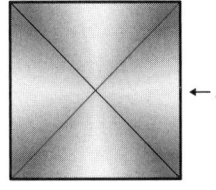

上から見た図

←この面は円

円柱の中心から高さ x のところで水平に切ると，切断面は下図のとおり。

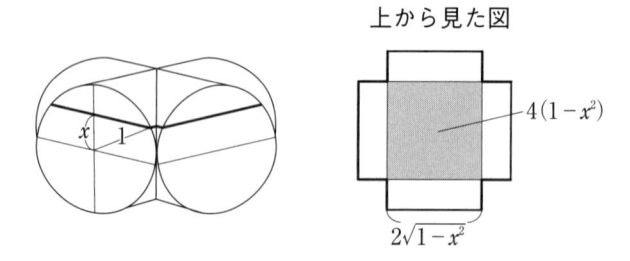

上から見た図

円柱同士が重なっている部分（グレー部分）の面積は，$4(1-x^2)$

これを $x=0$ から $x=1$ まで積分した値の2倍が答えになります。したがって，

$$V = 2\int_0^1 4(1-x^2)\,dx$$
$$= 8\left[x - \frac{1}{3}x^3\right]_0^1$$
$$= \frac{16}{3}$$

『アルキメデスの球のn等分』

　半径1の球を図のように互いに平行な面で，同じ幅で切って3つに分けます。このとき，表面積（切断面の面積は含めない）の比は？

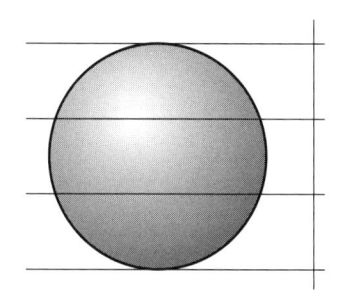

★この問題を解いたら，アルキメデスと対等になった気分に浸れますよ。たとえ何日かかろうと考え抜いて，解いてしまいましょう！

まず，下の左図（球を横から見た図）のグレー部分の表面積を求めましょう。

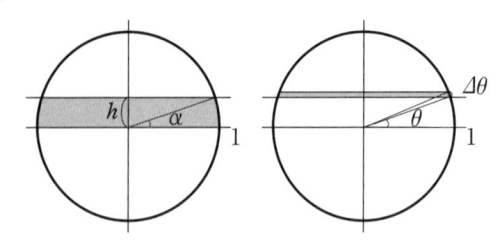

上の右図のグレー部分の表面積は，$2\pi \cos\theta \cdot \Delta\theta$

したがって，上の左図の表面積は，

$$\int_0^\alpha 2\pi \cos\theta \, d\theta = 2\pi \Big[\sin\theta\Big]_0^\alpha = 2\pi h$$

［たとえば，h が1なら，この値は 2π で，当然ながら半球の表面積です。］

つまり，球を平行な2つの面で切り取った部分の表面積（切断面の面積は含めない）は，2つの面の幅に比例するのです。

したがって，本問の答えは，1：1：1 です。

球を2つの互いに平行な平面で切った場合，どこで切っても，切り取られた球の表面積は，切断面の幅に比例することを証明したのはアルキメデスです。すばらしい天才ですね。

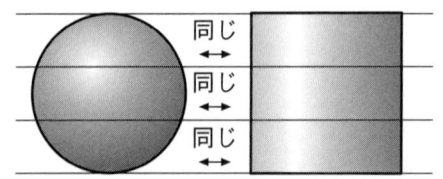

この球と底面の半径が1の円柱を同じ高さで切れば表面積は同じ！

『螺旋』

アルキメデスはまた,「極座標 $r=a\theta$ によって与えられる螺旋の完全1回転がつくる面積(下図グレー部分の面積)は,半径 $2\pi a$ の円の面積の $\frac{1}{3}$ である」という結果も導きました。

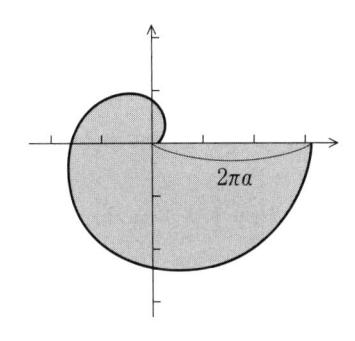

あなたもこれを導けますか?

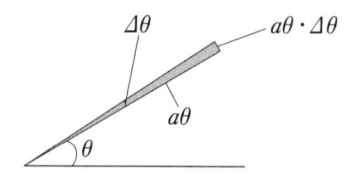

上図アミ部の面積は，

$$\frac{1}{2}a\theta \cdot a\theta\Delta\theta = \frac{1}{2}(a\theta)^2\Delta\theta$$

したがって，螺旋の完全1回転がつくる面積は，

$$\int_0^{2\pi}\frac{1}{2}(a\theta)^2 d\theta$$
$$=\frac{4}{3}\pi^3 a^2$$

これは，半径 $2\pi a$ の円の面積 ($4\pi^3 a^2$) の $\frac{1}{3}$

8

『重心』

アルキメデスはまた，いろいろな幾何学図形の重心を求めました。そのうちの1つが，放物線と直線でできている図形（下図グレー部分）の重心です。

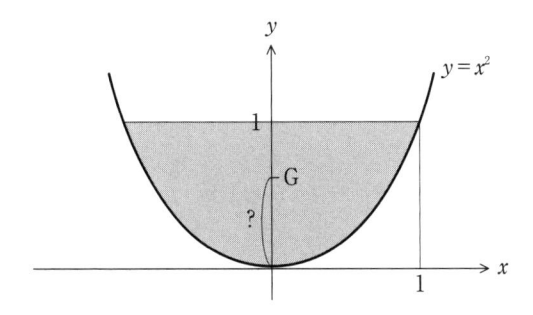

Gは重心です。
あなたは"?"の部分の長さがわかりますか？

8

問題から一旦離れて、まず重心の求め方の基本を説明します。

下の例で（てこは重さのない剛体と考えます——ちなみに、アルキメデスもそう考えました）、てこは釣り合います。なぜなら、1.5×8 の値と、$1 \times 5 + 2 \times 2 + 3 \times 1$ の値は等しいからです。

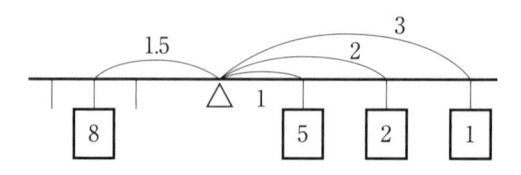

右側の3つの物体を「1つの物」と考えると、その物体の重さは8ですから、左側の物体の重さと同じで、「3つで1つの物体」の重心は、てこの支点から右に1.5のところにあるわけです。

つまり、支点から重心までの水平距離は、

$$\frac{(距離 \times 重さ)の合計}{重さの合計}$$

です。

上記のようにばらばらではなく、繋がっている物体（密度は均一）の重心は、それを限りなく細かく切って考えればいいわけで——、

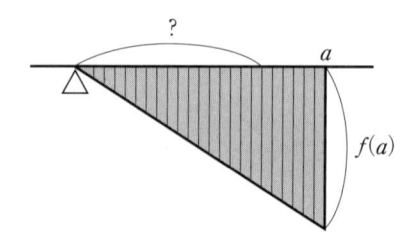

——つまり，個々の細かい部分の「距離×重さ」をすべて足すのですから——前ページの図からわかるように，積分で計算できます。重心までの距離の値は下のとおり——分母は，この場合，全面積の値です。

$$\frac{\int_0^a x f(x)\, dx}{\int_0^a f(x)\, dx}$$

《例題1》

右図の二等辺三角形の重心の位置は？
（三角形が上下対称ですから，重心は明らかに x 軸上にありますね。）

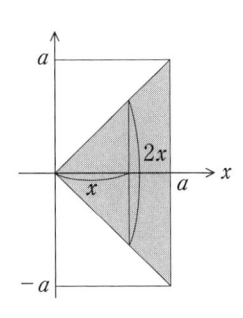

《例題1の答え》

$$\frac{\int_0^a x \cdot 2x\, dx}{\int_0^a 2x\, dx} = \frac{2}{3}a$$

本問の場合，分母は面積の値 a^2 なので，$\int_0^a 2x\, dx = a^2$ と計算するまでもなく，分母は最初から a^2 でもかまいませんね。

《例題2》

底面の半径が1，高さが1の円錐の重心の位置は？

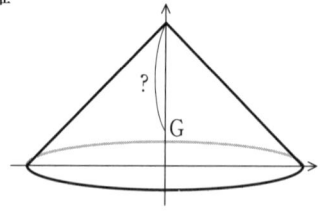

《例題2の答え》

頂点から真下に x 離れたところの（切断面の）面積は，πx^2 で，円錐の体積は $\frac{\pi}{3}$ なので，

$$\frac{\int_0^1 x \cdot \pi x^2 dx}{\frac{\pi}{3}} \quad (*)$$
$$= \frac{3}{4}$$

＊最初から分母を $\frac{\pi}{3}$ としましたが，なぜそれでいいのかがわからない人は，分母は $\frac{\pi}{3}$ ではなく $\int_0^1 \pi x^2 dx$ としましょう。

というわけで，円錐の重心は，底面から「高さの $\frac{1}{4}$」のところです。

《例題3》

半径1の半球（球の半分）の重心の位置は？

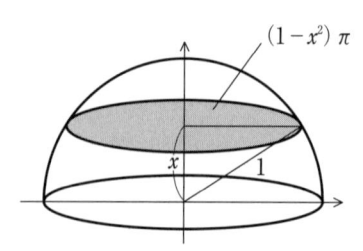

《例題3の答え》

$$\frac{\int_0^1 x(1-x^2)\pi dx}{\frac{2}{3}\pi}$$

$$=\frac{3}{2}\int_0^1 (x-x^3)\,dx$$

$$=\frac{3}{2}\left[\frac{1}{2}x^2-\frac{1}{4}x^4\right]_0^1$$

$$=\frac{3}{8}$$

したがって，重心は底面から$\frac{3}{8}$のところです。

——という具合です。では，例題を終えて，もとの問題に戻りましょう。

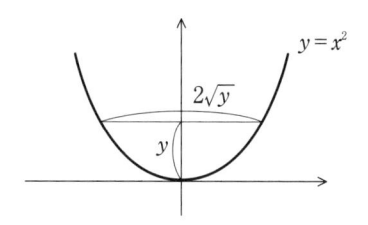

25ページの？の値（原点から重心までの距離の値）は，

$$\frac{\int_0^1 y\cdot 2\sqrt{y}\,dy}{\int_0^1 2\sqrt{y}\,dy}$$

$$=\frac{2\left[\frac{2}{5}y^{\frac{5}{2}}\right]_0^1}{2\left[\frac{2}{3}y^{\frac{3}{2}}\right]_0^1}$$

$$=\frac{3}{5}$$

微積分のない時代にこの値を求めたアルキメデスは，なんともすごい人ですね。

　次は半円です。

『半円(半円盤)の重心』

半径1の半円(半円盤)の重心の位置は?

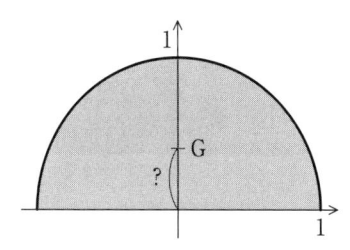

9

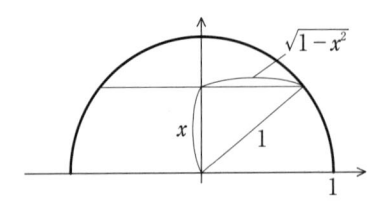

$$\frac{\int_0^1 x \cdot 2\sqrt{1-x^2}\, dx}{\dfrac{\pi}{2}}$$

$-\dfrac{2}{3}(1-x^2)^{\frac{3}{2}}$ を x で微分すると $2x\sqrt{1-x^2}$ となるので,

$$=\frac{\left[-\dfrac{2}{3}(1-x^2)^{\frac{3}{2}}\right]_0^1}{\dfrac{\pi}{2}}$$

$$=\dfrac{2}{3}\cdot\dfrac{2}{\pi}$$

$$=\dfrac{4}{3\pi}$$

10 『四分円の重心』

半径1の四分円の重心の位置は？

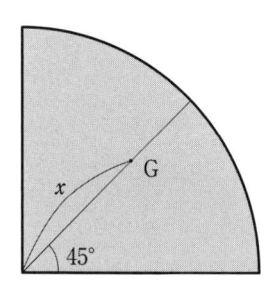

10

四分円の重心2つの中点が半円の重心となる（下図）ので，
$$x = \frac{4\sqrt{2}}{3\pi}$$

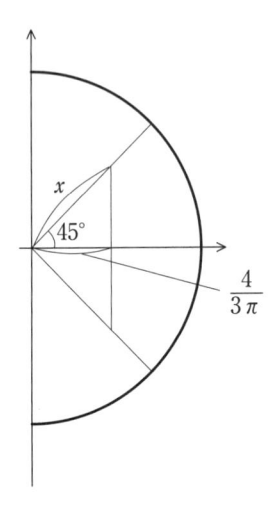

Q11

『扇形の重心』

半径1，中心角2θの扇形の重心の位置は？

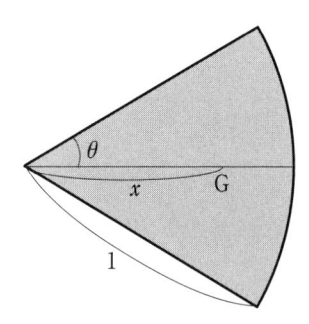

11

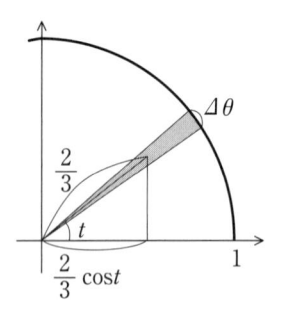

(上図では，作図の都合上 $\Delta\theta$ がかなり広くなっていますが，実際の $\Delta\theta$ の値は極微です)

極微の世界では扇形の面積は三角形と同じで，中心角 $\Delta\theta$ の扇形の重心は原点から $\frac{2}{3}$ のところにある（27ページ例題1を参照）。「その重心と原点を結ぶ直線」と x 軸とがなす角 t が 0 から θ まで変わっていくときの $\frac{2}{3}\cos t$ の平均値が答え。したがって，

$$x = \frac{\int_0^\theta \frac{2}{3}\cos t\, dt}{\theta} = \frac{2}{3}\cdot\frac{\sin\theta}{\theta} \quad \text{［これが答え］}$$

◎たとえば $\theta=\frac{\pi}{4}(=45°)$ のとき，$2\theta=\frac{\pi}{2}(=90°)$ で，四分円（Q10）で，この重心の位置は，

$$x = \frac{2}{3}\cdot\frac{\sin\theta}{\theta} = \frac{2}{3}\cdot\frac{\sin\frac{\pi}{4}}{\frac{\pi}{4}} = \frac{4\sqrt{2}}{3\pi}$$

Q12

『半円環の重心』

「半径1の円周の半分」の半円環（線状物体）の重心の位置は？

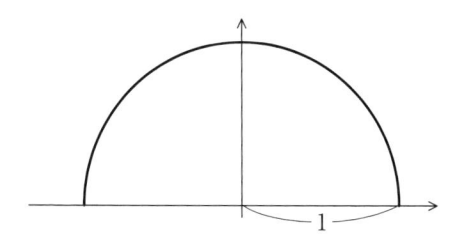

12

半径 1 の円の外側に，幅 t の円環が接しているとします（最後にこの t をかぎりなく 0 に近づけるのです）。原点から円環の重心までの距離を x とします。

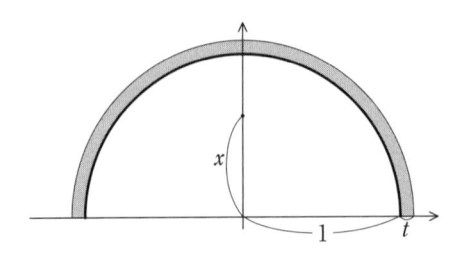

すると，重心に関して下の等式が成り立ちます。

$$\underbrace{\frac{4}{3\pi}}_{a} \cdot \underbrace{\frac{\pi}{2}}_{b} + x \cdot \underbrace{\left((1+t)^2 \frac{\pi}{2} - \frac{\pi}{2}\right)}_{c} = \underbrace{\frac{4}{3\pi}(1+t)}_{d} \cdot \underbrace{(1+t)^2 \frac{\pi}{2}}_{e}$$

a：原点から内側の半円の重心までの距離
b：内側の半円の面積
c：円環の面積
d：原点から大きな半円（内側の半円＋円環）の重心までの距離
e：大きな半円の面積

$$\therefore x = \frac{4}{3\pi} \cdot \frac{3+3t+t^2}{2+t}$$

したがって，

$$\lim_{t \to 0} x = \lim_{t \to 0} \frac{4}{3\pi} \cdot \frac{3+3t+t^2}{2+t}$$
$$= \frac{4}{3\pi} \cdot \frac{3}{2} = \frac{2}{\pi}$$

◎なお，これとは別の解き方が，2 問あとにあります。

Q13

『半球殻の重心』

　半径1の半球殻（表面だけの球の半分——つまり，分に切ったピンポン球のようなもの）の重心の位置は？

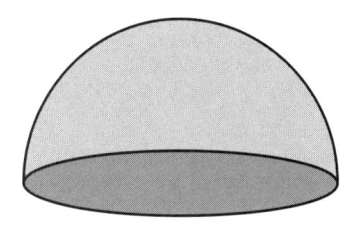

A13

前問と同様な解き方で答えが得られます。

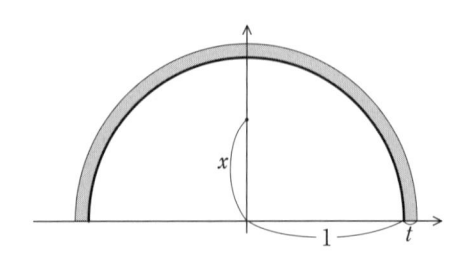

殻の厚さを t とします。球の中心から重心までの距離を x とすると，前問同様に式がつくれて，

$$\frac{3}{8} \cdot \frac{2\pi}{3} + x\left(\frac{2\pi}{3}(1+t)^3 - \frac{2\pi}{3}\right) = \frac{3}{8}(1+t) \cdot \frac{2\pi}{3}(1+t)^3$$

↑
内側の半球の重心までの距離（28ページの例題3参照）

$$\therefore x = \frac{3}{8} \cdot \frac{4 + 6t + 4t^2 + t^3}{3 + 3t + t^2}$$

したがって，

$$\lim_{t \to 0} x = \lim_{t \to 0} \frac{3}{8} \cdot \frac{4 + 6t + 4t^2 + t^3}{3 + 3t + t^2}$$

$$= \frac{1}{2}$$

Q6で見たように，球をどの位置で切り取っても，切り取る幅が同じなら，球殻の表面積は同じ（したがって，密度が均一なら重さも同じ）なので，上で得られた結果は当然ですね。

14

『弧の重心』

半径 1，中心角 2θ の弧（線状物体）の重心の位置は？

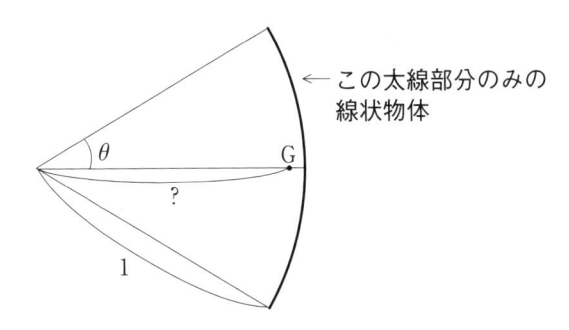

← この太線部分のみの
　線状物体

A14

　中心角 $\Delta\theta$ の弧の重心は，$\Delta\theta$ が極微のとき，円の中心から 1 の距離の地点。

　中心角 2θ の弧の重心の位置は，それを2等分した中心角 θ の弧の重心2つの中心点なので，$\cos t$ の t が 0 から θ に変わっていくときの平均値が答え。

$$\frac{\int_0^\theta \cos t\, dt}{\theta} = \frac{\sin\theta}{\theta}$$

◎たとえば，θ が $\dfrac{\pi}{2}$ のとき，$\dfrac{\sin\theta}{\theta} = \dfrac{2}{\pi}$　［このとき，中心角 $2\theta = \pi$ なので，これは Q12 で求めた半円環の重心の答え］

Q15 『等面四面体の体積』
【基本問題】

3辺の長さが6，7，8である三角形4つからなる等面四面体の体積Vは？

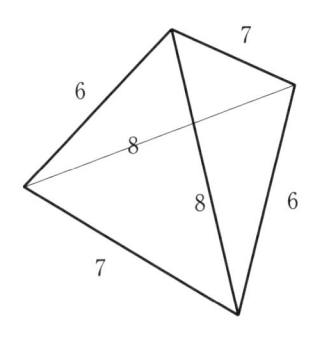

★類題が1996年の東大入試と1999年の京大入試で出題されたようです。

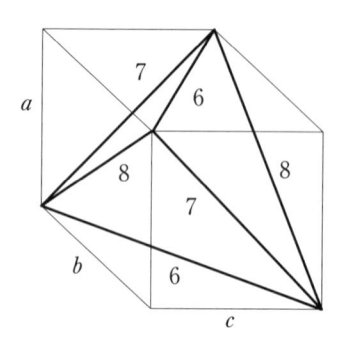

上図のように，等面四面体と頂点を共有する直方体が等面四面体の外側に描ける。

この図より，
$a^2 + b^2 = 8^2$
$a^2 + c^2 = 7^2$
$b^2 + c^2 = 6^2$

したがって，
$a^2 = \frac{1}{2}(8^2 + 7^2 - 6^2) = \frac{77}{2}$
$b^2 = \frac{1}{2}(8^2 + 6^2 - 7^2) = \frac{51}{2}$
$c^2 = \frac{1}{2}(7^2 + 6^2 - 8^2) = \frac{21}{2}$

直方体からVの等面四面体を取り除いた残りの4つの四面体の体積は，どれも$\frac{abc}{6}$なので，

$V = abc - 4 \cdot \frac{abc}{6}$
$= \frac{abc}{3}$
$= \frac{7\sqrt{374}}{4}$

Q16

『正20面体』
【基本問題】

正20面体（1辺の長さ1）のもっとも長い対角線の長さは？

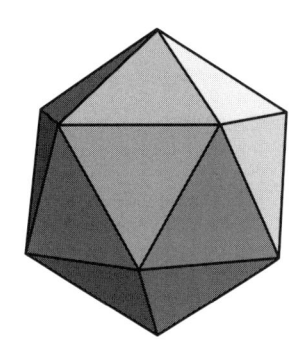

16

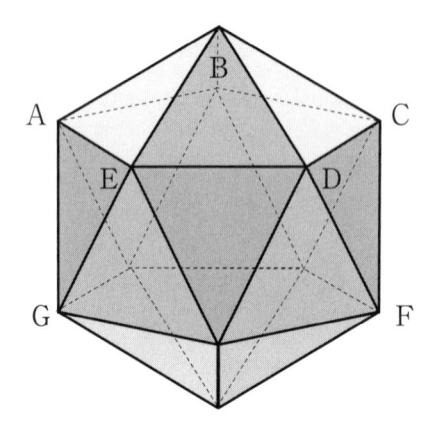

正五角形ABCDEの対角線ACの長さは，

$$AC = 2\sin 54° = \frac{1+\sqrt{5}}{2}$$

ACFGは長方形で，その対角線AFがもっとも長い対角線

$$AF = \sqrt{1^2 + \left(\frac{1+\sqrt{5}}{2}\right)^2} = \sqrt{\frac{5+\sqrt{5}}{2}}$$

Q17 『正12面体を4色で塗り分ける』
【けっこう難しい基本問題】

　正12面体に4つの色（$a \sim d$）を塗ります。ただし，どの1つの面も1色で塗り，また，辺が接している2面は異なる色で塗ることとします。

　回転して同じになる塗り方は同じものとみなす場合，何通りの塗り方があるでしょう？

A17

12面に下図のように番号を振る（見えない面の番号は○つき）。

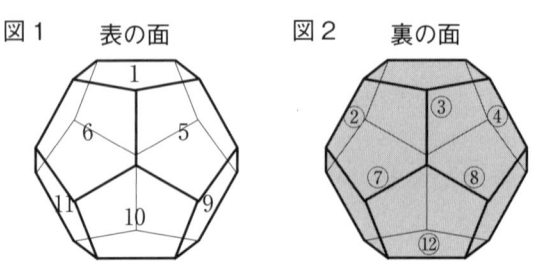

図1　表の面　　　　図2　裏の面

まず，1つの色を最大何面に塗れるかを考える。

1を a とする。もしも⑫が a なら，残りのどの面も a を塗れなくなってしまう。

したがって，⑦，⑧，9，10，11のうちのいくつかに a を塗るしかなく，この5面のうちの3つに塗ることは不可能で，2つなら可能。ゆえに，1つの色で塗れるのは3面までで，それゆえ4色で12面塗るためにはどの色も3面に塗らなければならない。

a の塗り方は1, 9, 11の1通り（他の塗り方をしても，回転すれば1,9,11の位置となる）。

③⑦⑧の3面はその順に bcd か bdc の2通り（他の塗り方をしても，回転すればこの2つのどちらかと同じになる）。

③⑦⑧が bcd の場合，②は d，④は c，⑫は b となる（図3）。ゆえに5は b か d，6は b か c，10は c か d なので，5, 6, 10の順に bcd か dbc の2通りの塗り方が可能。

③⑦⑧が bdc の場合も同様に2通りの塗り方が可能。

したがって，答えは「4通り」。

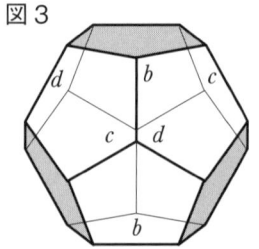

図3

Q18 『プトレマイオスの定理』

「円に内接する四角形ABCDにおいて,AC・BD=AD・BC+AB・DC」をプトレマイオスの定理といいます。

あなたはこの定理を導けますか？

(この定理は有名すぎるので,あなたは解く気になれないかもしれませんが,パズルと考えれば,けっこう面白いかも？)

18

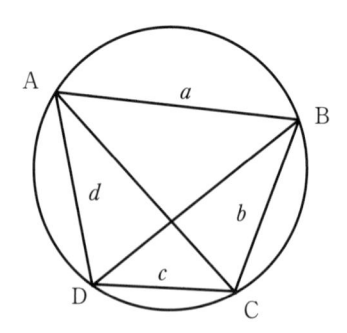

上図より，

$BD^2 = a^2 + d^2 - 2ad \cos A$

$BD^2 = b^2 + c^2 - 2bc \cos C = b^2 + c^2 + 2bc \cos A$

上2式から $\cos A$ を消して，

$(ad + bc) BD^2 = (ab + cd)(ac + bd)$

AC についても同様で，

$(ab + cd) AC^2 = (ad + bc)(ac + bd)$

これら2式をかけて，

$(ad + bc)(ab + cd) AC^2 BD^2 = (ac + bd)^2 (ab + cd)(ad + bc)$

∴ $AC \cdot BD = ac + bd$

『プトレマイオスの公式』

$\sin(\alpha \pm \beta) = \sin\alpha\cos\beta \pm \cos\alpha\sin\beta$
$\cos(\alpha \pm \beta) = \cos\alpha\cos\beta \mp \sin\alpha\sin\beta$

前問のプトレマイオスの定理を使ってプトレマイオスは上記の式を導きました。

そのうちの1つ,$\sin(\alpha-\beta) = \sin\alpha\cos\beta - \cos\alpha\sin\beta$ は,プトレマイオスの定理をどのように使ったら求められるでしょう?

(複素数や行列を使えば簡単に求められますが,それらを使うのではなく,プトレマイオスになったつもりで,プトレマイオスの定理を使って導きましょう。そうすれば,パズルとして面白いでしょう?)

19

ADを直径とし（AD=2r），αとβを下図のように定める。

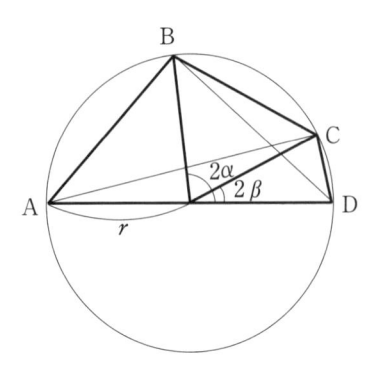

BC = $2r\sin(\alpha - \beta)$
AB = $2r\sin(90° - \alpha) = 2r\cos\alpha$
BD = $2r\sin\alpha$
CD = $2r\sin\beta$
AC = $2r\sin(90° - \beta) = 2r\cos\beta$
AD・BC + AB・CD = AC・BD より，
$2r \cdot 2r\sin(\alpha - \beta) + 2r\cos\alpha \cdot 2r\sin\beta = 2r\cos\beta \cdot 2r\sin\alpha$
∴ $\sin(\alpha - \beta) = \sin\alpha\cos\beta - \cos\alpha\sin\beta$

またプトレマイオスは，

$$\sin\frac{\alpha}{2} = \sqrt{\frac{1-\cos\alpha}{2}}$$

も求めました（当時も中世も，負の値については考慮外だったようです）。

20 『球面三角形の面積』

半径 1 の球面上に,下図のような球面三角形があります。

この球面三角形の面積は?

(注) 求めるのは,球表面の面積です。

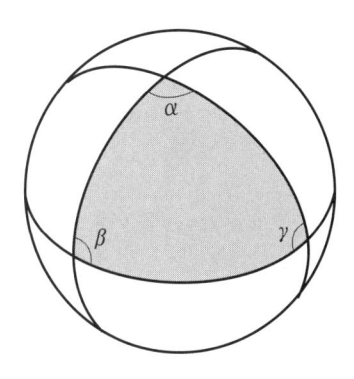

基本問題ですが,このタイプの問題が初めての人には難問でしょう。

20

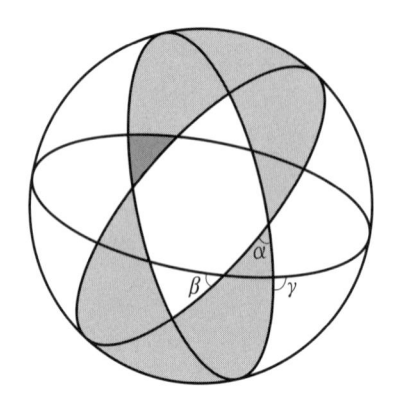

　αの角度の2平面（どちらも球の中心を通る）で切り取られる細いスイカの皮形（上図グレー部分は2つ分）1つの面積は，全球面積の$\dfrac{\alpha}{2\pi}$なので，$4\pi \cdot \dfrac{\alpha}{2\pi} = 2\alpha$

βのスイカの皮形の面積は，2β

γのスイカの皮形の面積は，2γ

　αの皮2枚，βの皮2枚，γの皮2枚の合計で球全体を覆いつくし，球面三角形の部分2か所（図の裏側に同じ球面三角形（濃いグレー部分）があるので，2か所）の部分がそれぞれ皮3枚重ねになっている（つまり4枚分余分に重なっている）。

　球面三角形の面積をSとおくと，

$$4S = (2\alpha + 2\beta + 2\gamma) \cdot 2 - 4\pi \quad [4\pi\text{は球の表面積}]$$

$$\therefore S = \alpha + \beta + \gamma - \pi$$

21と22
『球面と三角関数』

[Q21]

半径1の球面上に3つの点 A, B, C があります（下図）。

この球面三角形において，

$\cos a = \cos b \cos c + \sin b \sin c \cos A$

が成り立ちます。

あなたはこれを証明できますか？

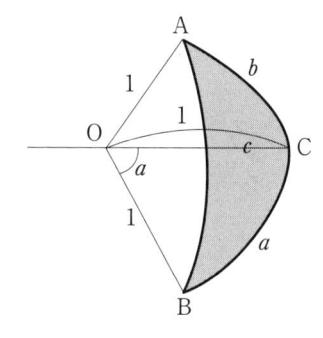

[Q22]

上の球面三角形において，

$$\frac{\sin A}{\sin a} = \frac{\sin B}{\sin b} = \frac{\sin C}{\sin c}$$

が成り立ちます。

あなたはこれを証明できますか？

21と22

[Q21の答え]

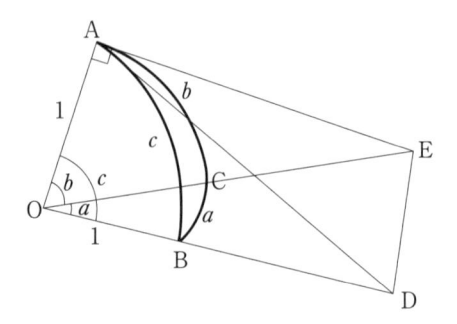

直線OB上に∠OAD$=\frac{\pi}{2}$となるようにDをおく（ADはAにおけるcの接線）。

直線OC上に∠OAE$=\frac{\pi}{2}$となるようにEをおく（AEはAにおけるbの接線）。

$DE^2 = AE^2 + AD^2 - 2AE \cdot AD \cos A$
$\quad\ = OE^2 + OD^2 - 2OE \cdot OD \cos a$

$AD = \tan c$

$OD \cos c = 1$

$AE = \tan b$

$OE \cos b = 1$

これらより，

$\tan^2 b + \tan^2 c - 2\tan b \tan c \cos A$

$= \dfrac{1}{\cos^2 b} + \dfrac{1}{\cos^2 c} - 2\dfrac{1}{\cos b} \cdot \dfrac{1}{\cos c} \cos a$

右辺の左2項を左辺に移してから両辺に$\cos b \cos c$をかけて，

$\cos b \cos c \left(\tan^2 b - \dfrac{1}{\cos^2 b} + \tan^2 c - \dfrac{1}{\cos^2 c}\right) - 2\sin b \sin c \cos A$

$= -2\cos a$

$$\therefore\ -2\cos b \cos c - 2\sin b \sin c \cos A = -2\cos a$$
$$\therefore\ \cos a = \cos b \cos c + \sin b \sin c \cos A$$

《補足》半径が1ではなく r であっても，上式は成り立ちます。

[Q22の答え]

上の式より，

$$\cos A = \frac{\cos a - \cos b\ \cos c}{\sin b\ \sin c}$$

したがって，

$$\frac{\sin^2 A}{\sin^2 a} = \frac{1}{\sin^2 a}(1-\cos^2 A)$$
$$= \frac{1-\cos^2 a - \cos^2 b - \cos^2 c + 2\cos a \cos b \cos c}{\sin^2 a\ \sin^2 b\ \sin^2 c}$$

a, b, c を互いに入れ替えても右辺の値は同じなので，

$$\frac{\sin^2 A}{\sin^2 a} = \frac{\sin^2 B}{\sin^2 b} = \frac{\sin^2 C}{\sin^2 c}$$

球面三角形において，A，B，C，a, b, c はどれも π 以下なので，

$$\frac{\sin A}{\sin a} = \frac{\sin B}{\sin b} = \frac{\sin C}{\sin c}$$

《補足》半径が1ではなく r であっても，上式は成り立ちます。

16世紀にいたるまで最も影響力のあった天文学的著作である13巻の『数学集成』(Mathematiki Syntaxis)の著者プトレマイオス Klaudios Ptolemaios (100年頃〜178年) の生涯に関しては，V.J.Katz著，『カッツ　数学の歴史』(上野健爾，三浦伸夫監訳，共立出版，165p) によれば，「アレクサンドリア近郊で数多くの天の観察を行い，数冊の重要な書籍を著した事実以外はまったく知られていない」とのことです。

23

『ヘロンの四角形』

4辺の長さが6,7,8,9の四角形の面積が最大となるように，辺の長さの順番と4つの頂点の角度を決めます。そのとき，面積の最大値は？

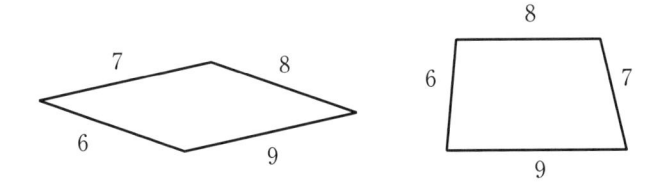

ヘロンの年代に関しては，いまだに不明。「ハンマー・ヤンセンは，論文"プトレマイオスとヘロン"（1913年）で，いろいろの根拠から，ヘロンはプトレマイオス（100-178年）より，あとの人であるとしている」（T.L.ヒース著，『復刻版 ギリシア数学史』〈平田寛，菊池俊彦，大沼正則訳，共立出版，339p〉）

ヘロンは円環体（トーラス）の体積が$2\pi^2 ca^2$（aは円の部分の半径，cはトーラスの中心からその円の中心までの距離）であることや，正八面体の体積が$\frac{\sqrt{2}}{3}a^3$（aは辺の長さ）であることなども示しています。

23

各名称を下図のように決める。

各名称を下図のように決める。

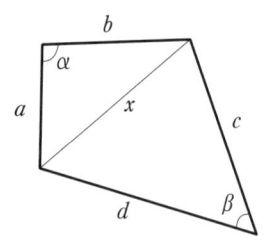

四角形の面積 S は，
$$S = \frac{1}{2}(ab \sin \alpha + cd \sin \beta)$$
$$\therefore 16S^2 = 4a^2b^2\sin^2\alpha + 4c^2d^2\sin^2\beta + 8abcd \sin\alpha \sin\beta \qquad \cdots\cdots ①$$

余弦定理より，
$$x^2 = a^2 + b^2 - 2ab \cos \alpha$$
$$x^2 = c^2 + d^2 - 2cd \cos \beta$$
したがって，
$$a^2 + b^2 - c^2 - d^2 = 2ab \cos \alpha - 2cd \cos \beta$$
両辺を2乗して，
$$(a^2 + b^2 - c^2 - d^2)^2$$
$$= 4a^2b^2\cos^2\alpha + 4c^2d^2\cos^2\beta - 8abcd \cos\alpha \cos\beta$$
これと①をたして，
$$16S^2 + (a^2+b^2-c^2-d^2)^2$$
$$= 4a^2b^2 + 4c^2d^2 - 8abcd \cos(\alpha+\beta)$$
$$= (2ab+2cd)^2 - 8abcd(1+\cos(\alpha+\beta))$$
$$\therefore 16S^2$$
$$= (2ab+2cd)^2 - (a^2+b^2-c^2-d^2)^2 - 8abcd(1+\cos(\alpha+\beta))$$
$$= (-a+b+c+d)(a-b+c+d)(a+b-c+d)(a+b+c-d) - 8abcd \cdot$$
$$(1+\cos(\alpha+\beta))$$

$s = \dfrac{a+b+c+d}{2}$ とおくと，

$= (2s-2a)(2s-2b)(2s-2c)(2s-2d) - 8abcd(1+\cos(\alpha+\beta))$

$16S^2$ が最大となるのは，$8abcd(1+\cos(\alpha+\beta))$ が最小のとき，つまり $\cos(\alpha+\beta) = -1$ のとき（$\alpha+\beta = \pi$ のとき）で，このとき，$8abcd(1+\cos(\alpha+\beta))=0$

このときの S の値は，
$S = \sqrt{(s-a)(s-b)(s-c)(s-d)}$
これに，$a=6$，$b=7$，$c=8$，$d=9$，$s=15$ を代入して
$S = 12\sqrt{21}$

★本問は，四角形のヘロンの公式を導いて解く問題なので，その公式を知っていて，かつ，それを使えば解けてしまうわけですが，公式を知っていて使うよりも，公式を自力で導くほうがずっと楽しいですね。

第 2 部

中世から18世紀へ

中世が終わるころからさまざまな数学記号が考案されました。

1456年　ヨハン・レジオモンタナス（ヨハン・ミューラー）が「+」と「−」を使用

1525年　クリストフ・ルドルフが「√」を使用

1631年　ウィリアム・オートレッドが「×」（掛け算の記号）を使用

1631年　トーマス・ハリオットが不等号「>」と「<」を使用

1637年　ルネ・デカルトが指数の表記に上付き添え字を使用

1655年　ジョン・ウォリスが「∞」を使用

1659年　ヨハン・ハインリッヒ・ラーンが「÷」を使用

1734年　ピエール・ブゲールが「≧」を使用

これらの記号がない時代は，計算がしづらかったかもしれませんね。

(以上はピックオーバー著『数学のおもちゃ箱』〈糸川洋訳，日経BP社〉の記述により作成)。

24 『ディオパントスの問題』(その1)

16を2つの正の平方数に分けよ。

なお、ここでの「平方数」とは、ある有理数の2乗の値となっている有理数のこと。
解は無限にあるけれど、そのうちの1つを示せばOKです。

[ディオパントスDiophantos『数論』第Ⅱ巻問題8「与えられた平方数を二つの平方数に分けること」](V.J.Katz著,『カッツ 数学の歴史』〈上野健爾,三浦伸夫監訳,共立出版,201p〉より)。

ディオパントスは3世紀中期の人。
1621年版ディオパントス『数論』61ページの第Ⅱ巻問題8にフェルマーは「立方数を2つの立方数の和へ分割することは不可能である」等々の注を書き込みました(V.J.Katz著,『カッツ 数学の歴史』〈上野健爾,三浦伸夫監訳,共立出版,519p〉による)。

24

$x^2 + y^2 = 16$

$y = ax - 4$ とおくと,

$x^2 + a^2x^2 - 8ax + 16 = 16$

$\therefore x = \dfrac{8a}{a^2+1}$

たとえば a が 2 なら, $x = \dfrac{16}{5}$, $y = \dfrac{12}{5}$ で,

2つの平方数は, $\left(\dfrac{16}{5}\right)^2$ と $\left(\dfrac{12}{5}\right)^2$

また, たとえば a が 4 なら, 2つの平方数は, $\left(\dfrac{32}{17}\right)^2$ と $\left(\dfrac{60}{17}\right)^2$

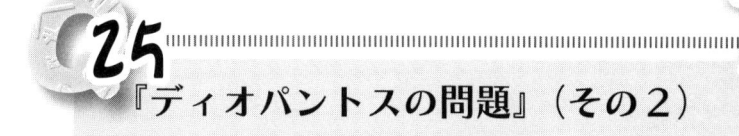

25 『ディオパントスの問題』(その2)

　$x+2$ と $x+3$ が両方とも正の平方数であるように有理数 x を定めよ。

　なお、ここでの「平方数」とは、ある有理数の2乗の値となっている有理数のこと。

　解は無限にあるけれど、そのうちの1つを示せばOKです。

［ディオパントス『数論』第Ⅱ巻問題11「同じ数（これが求めるべき数となる）を与えられた二つの数に加えて、それぞれが平方数となるようにすること」］（V.J.Katz著,『カッツ　数学の歴史』〈上野健爾，三浦伸夫監訳, 共立出版, 203p〉より）。

25

$x+3=u^2$

$x+2=v^2$

とおくと,

$u^2-v^2=(u+v)(u-v)=1$

たとえば, $u+v=4$ とすると

$u-v=\dfrac{1}{4}$

$u=\dfrac{17}{8}, v=\dfrac{15}{8}$

$x+2=v^2=\dfrac{225}{64}$

$\therefore x=\dfrac{97}{64}$（これが答えの 1 つ）

26 『ペル方程式』

$x^2 - 3y^2 = 13$

の整数解 (x, y) で,$x > 100$ のものを求めよ。

---

*ペル方程式はふつう,$x^2 - Dy^2 = \pm 1$ の形のものを指します。本問は拡張版と考えてください。

26

恒等式
$$(x_1x_2+Dy_1y_2)^2 - D(x_1y_2+y_1x_2)^2 = (x_1^2-Dy_1^2)(x_2^2-Dy_2^2)$$
に,$x_1=2$,$y_1=1$,$x_2=x$,$y_2=y$,$D=3$ を代入すると,
$$(2x+3y)^2 - 3(2y+x)^2 = 1(x^2-3y^2)$$

したがって,x,y が $x^2-3y^2=13$ をみたすなら,
$X=2x+3y$,$Y=x+2y$ とおくと,X,Y も $X^2-3Y^2=13$ をみたす。

$x=5$,$y=2$ は $x^2-3y^2=13$ をみたすので,そこから解を1つずつつくっていくと,

$x=5$,$y=2$ のとき $X=16$,$Y=9$

$x=16$,$y=9$ のとき $X=59$,$Y=34$

$x=59$,$y=34$ のとき $X=220$,$Y=127$

したがって,$X=220$,$Y=127$ は求める解の1つ。

27

『計算家の技法』

　ゲルソン（Levi ben Gerson：1288年〜1344年）が1321年に著した『計算家の技法』の中の問題です*。

$$1+(1+2)+(1+2+3)+\cdots+(1+2+3+\cdots+n)$$
$$=\begin{cases} 1^2+3^2+5^2+\cdots+n^2 \ (n\text{は奇数}) \\ 2^2+4^2+6^2+\cdots+n^2 \ (n\text{は偶数}) \end{cases}$$

を証明せよ。

★これはパズルとしてかなり面白いですね。

---

*V.J.Katz著,『カッツ　数学の歴史』（上野健爾, 三浦伸夫監訳, 共立出版, 365p）より。

27

以下，数学的帰納法で証明します。

$n=1$ は与式（nが奇数の場合）をみたす。
$n=2$ は与式（nが偶数の場合）をみたす。
$n=k$ のときに与式が成立すると仮定する。左辺に1，2，3…と順に $n+1$ までを加え，さらに 1 から $n+2$ までを加えると，左辺は，

$$
\begin{array}{llllll}
1+ & (1+2) & +(1+2+3) & +\cdots+ & (1+2+3+\cdots+n) \\
1+2 & +3 & +4 & \cdots & +n+1 \\
1+2+3 & +4 & +5 & \cdots & +n+2 \\
\hline
\end{array}
$$

$$1+(1+2)+(1+2+3)+ \quad \cdots \quad +(1+2+3+\cdots+(n+2))$$

加えた数の合計は $\dfrac{(n+1)(n+2)}{2}+\dfrac{(n+2)(n+3)}{2}=(n+2)^2$ で，これが右辺に加わる。

ゆえに，$n=k$ のときに与式が成立するなら，$n=k+2$ のときも与式は成り立つ。

したがって，与式はすべての正の整数で成り立つ。

『フィボナッチ*数列』

9段の階段があり，あなたはそれを上ろうとしています。

1歩の上り方として「1度に1段だけ」と「1度に2段だけ」の2通りが選べて，1歩ごとにどちらを選んでもかまいません。

さて，何通りの上り方がありますか？

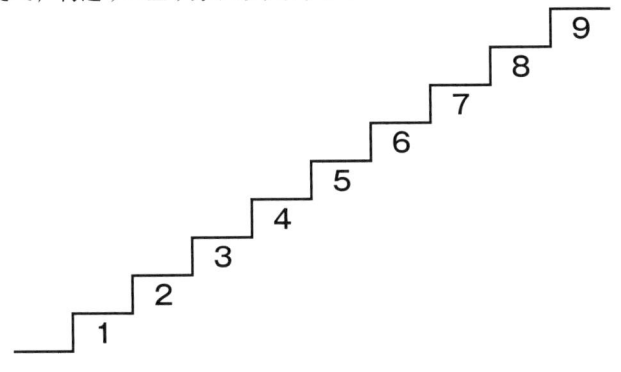

---

*Leonardo Fibonacci, 1170年頃～1250年頃の人。

28

n段の階段の上り方をa_n通りとする。

最後に1段上りで終わる方法はa_{n-1}通り。

最後に2段上りで終わる方法はa_{n-2}通り。

したがって、$a_n = a_{n-1} + a_{n-2}$ ……①

$a_1 = 1$, $a_2 = 2$ なので、①より

$a_3 = 3$, $a_4 = 5$, $a_5 = 8$, $a_6 = 13$, $a_7 = 21$, $a_8 = 34$, $a_9 = 55$

したがって、答えは55通り。

★①の式が当てはまる数列をフィボナッチ数列<F_n>といいます。フィボナッチ数列の定義には、初項と第2項の値が必要で、上は、

$F_1 = 1$, $F_2 = 2$

の場合の例です。

初項と第2項に言及なしで単に「フィボナッチ数列」という場合は、たいていは、

$F_1 = F_2 = 1$

の数列を指します（第0項を加えて、$F_0 = 0$, $F_1 = 1$ のことも多い）。

★フィボナッチ数列が初めて登場したのは1202年で、このときのフィボナッチの問題は、ウサギの頭数の問題でした——その問題はさまざまな数学パズルの本に載っているので、ほとんどの読者は知っているでしょうね。

でも本問のような「階段の上り方が何通りあるか」や「物の並べ方が何通りあるか」などの答えにフィボナッチ数列が現れることは、ウサギの問題ほど広くは知られていませんね。

『カッシーニの公式』

フィボナッチ数列$<F_n>$に関してのもっとも古い公式の1つに，次のものがあります。

$$F_{n+1}F_{n-1} - F_n^2 = (-1)^n$$

これはカッシーニ*の公式とよばれています。
あなたはこれを証明できますか？

★これはパズルとしてなかなか面白い問題でしょう。

---

*Jean Cassini（1625年～1712年），イタリア出身のフランスの天文学者で，本名はGiovanni Domenico Cassini。この公式は1680年に発表されました。

29

以下，数学的帰納法で証明します。

(1) $n=1$ のとき，与式は成り立つ。
(2) $n=k$ のとき成り立つと仮定する。すると，
$$F_{k+1}F_{k-1} - F_k^2 = (-1)^k$$
$$\therefore F_{k+1}(F_{k+1} - F_k) - F_k^2 = (-1)^k$$
両辺に -1 をかけて，
$$(F_{k+1} + F_k)F_k - F_{k+1}^2 = (-1)^{k+1}$$
$$\therefore F_{k+2}F_k - F_{k+1}^2 = (-1)^{k+1}$$

したがって，$n=k$ で成り立つなら，$n=k+1$ でも成り立つ。

ゆえに，与式は任意の自然数で成り立つ。

30 『フィボナッチ数列の一般項』

すでに（Q29で）書いたように，初項と第2項に言及なしで単に「フィボナッチ数列」という場合は，たいていは $F_1 = F_2 = 1$ の数列を指します（第0項を加えて，$F_0 = 0$, $F_1 = 1$ のことも多い）。

n	0	1	2	3	4	5	6	7	8
F_n	0	1	1	2	3	5	8	13	21

さて，フィボナッチ数列の一般項の値は？

30

$$\begin{pmatrix} F_2 \\ F_1 \end{pmatrix} = \begin{pmatrix} 1 & 1 \\ 1 & 0 \end{pmatrix} \begin{pmatrix} F_1 \\ F_0 \end{pmatrix}$$

なので,

$$\begin{pmatrix} F_{n+1} \\ F_n \end{pmatrix} = \begin{pmatrix} 1 & 1 \\ 1 & 0 \end{pmatrix}^n \begin{pmatrix} 1 \\ 0 \end{pmatrix}$$

$$\begin{pmatrix} 1 & 1 \\ 1 & 0 \end{pmatrix} = \begin{pmatrix} \frac{1-\sqrt{5}}{2} & \frac{1+\sqrt{5}}{2} \\ 1 & 1 \end{pmatrix} \begin{pmatrix} \frac{1-\sqrt{5}}{2} & 0 \\ 0 & \frac{1+\sqrt{5}}{2} \end{pmatrix} \begin{pmatrix} -\frac{1}{\sqrt{5}} & \frac{1+\sqrt{5}}{2\sqrt{5}} \\ \frac{1}{\sqrt{5}} & \frac{-1+\sqrt{5}}{2\sqrt{5}} \end{pmatrix}$$

……①

なので,

$$\begin{pmatrix} 1 & 1 \\ 1 & 0 \end{pmatrix}^n = \begin{pmatrix} \frac{1-\sqrt{5}}{2} & \frac{1+\sqrt{5}}{2} \\ 1 & 1 \end{pmatrix} \begin{pmatrix} \left(\frac{1-\sqrt{5}}{2}\right)^n & 0 \\ 0 & \left(\frac{1+\sqrt{5}}{2}\right)^n \end{pmatrix} \begin{pmatrix} -\frac{1}{\sqrt{5}} & \frac{1+\sqrt{5}}{2\sqrt{5}} \\ \frac{1}{\sqrt{5}} & \frac{-1+\sqrt{5}}{2\sqrt{5}} \end{pmatrix}$$

……②

したがって,

$$F_n = \frac{1}{\sqrt{5}} \left\{ \left(\frac{1+\sqrt{5}}{2}\right)^n - \left(\frac{1-\sqrt{5}}{2}\right)^n \right\}$$

この一般項の値は1765年にオイラーが発表し, 1843年にビネ (Jacques Binet) が再発見しました (R.L.Graham他, Concrete Mathematics, 1989年 による)。

★(補足説明)

①は $\begin{pmatrix} 1 & 1 \\ 1 & 0 \end{pmatrix} = SJS^{-1}$ の形になっています。したがって,

$\begin{pmatrix} 1 & 1 \\ 1 & 0 \end{pmatrix}^n = SJS^{-1}SJS^{-1}SJS^{-1}\cdots$ となり, $S^{-1}S$ 部分が単位行列となって, 結局,

$\begin{pmatrix} 1 & 1 \\ 1 & 0 \end{pmatrix}^n = SJ^nS^{-1}$ となります。

J は対角行列なので, n 乗すると, 対角要素が n 乗となって②になります。

31

『カタラン数』

　女子5人，男子5人がいます。横一列の10席に，この10人を左から並べていきます。その途中，いつでも，

　　「そこまでの女子の人数」≧「そこまでの男子の人数」

となっているようにします。

　並べ方は何通りありますか？

★解き方を思いつくまでに丸一日かかるかもしれませんが，あきらめずに徹底的に考え込んでみましょう。解き方を思いついたら，ものすごくうれしいですよ。

31

答えは「下図の○をスタートして△にたどり着くのが何通りか」と同じ（「北に進む」は「女子をおく」,「東に進む」は「男子をおく」と同じ）。

各交点まで何通りかは下図に書き込んだ通り。

したがって，答えは，42通り。

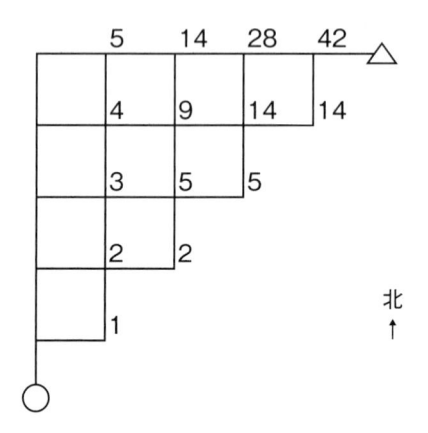

```
        5    14   28   42
                            △
        4    9    14   14

        3    5    5

        2    2

        1

    ○
```

北
↑

★参考

女子 n 人，男子 n 人のときは，$\dfrac{{}_{2n}C_n}{n+1}$ 通り。

この値の数列を構成している数を，カタラン数といいます。

n 番目のカタラン数を C_n と表記します。本問の答えである42は，C_5 の値です。

なお，カタランの名称は，ベルギーの数学者 Eugène Charles Catalan（1814年～1894年）に由来します。

32 『3次方程式の根』

$x^3 = mx + n$ の根は,

$$x = \sqrt[3]{\frac{n}{2} + \sqrt{\frac{n^2}{4} - \frac{m^3}{27}}} + \sqrt[3]{\frac{n}{2} - \sqrt{\frac{n^2}{4} - \frac{m^3}{27}}}$$

これは，タルターリア（1499年/1500年～1557年）が解いたもので，カルダーノ（1501年～1576年）は公表しないという約束でそれを聞きだし，『偉大なる術——すなわち代数学の規則について』Ars Magna（1545年）で公表してしまいました。

あなたはこの根の値を導けますか？

$x = \sqrt[3]{p} + \sqrt[3]{q}$ とおき $(p \geq q)$，両辺を3乗し，
$$x^3 = 3\sqrt[3]{pq}(\sqrt[3]{p} + \sqrt[3]{q}) + p + q$$
$$= 3\sqrt[3]{pq}\,x + (p+q)$$
$3\sqrt[3]{pq} = m$，$p + q = n$ とおくと（$x^3 = mx + n$ で），
$$(p-q)^2 = (p+q)^2 - 4pq = n^2 - \frac{4m^3}{27}$$
$$\therefore\ p - q = \sqrt{n^2 - \frac{4m^3}{27}}$$

これと $p + q = n$ とで，
$$2p = n + \sqrt{n^2 - \frac{4m^3}{27}}$$
$$2q = n - \sqrt{n^2 - \frac{4m^3}{27}}$$
したがって，根は，
$$x = \sqrt[3]{p} + \sqrt[3]{q} = \sqrt[3]{\frac{n}{2} + \sqrt{\frac{n^2}{4} - \frac{m^3}{27}}} + \sqrt[3]{\frac{n}{2} - \sqrt{\frac{n^2}{4} - \frac{m^3}{27}}}$$

◎なお，一般的な3次方程式 $z^3 + az^2 + bz + c = 0$ は，
$$z = x - \frac{a}{3}$$
とおくことで，$x^3 = mx + n$ の形になります。

『4次方程式』

$x^4+3=12x$ を解きなさい。

これはカルダーノの『偉大なる術――すなわち代数学の規則について』(1545年) に載っている問題です*。

あなたは解けますか？

---

*V.J.Katz著,『カッツ　数学の歴史』(上野健爾, 三浦伸夫監訳, 共立出版, 413p) より。

33

以下は，カルダーノの解き方です。

$2bx^2+b^2-3$ を $x^4+3=12x$ の両辺に加えると，左辺は $x^4+2bx^2+b^2$ となり完全平方となる。一方，右辺は $2bx^2+12x+b^2-3$

後者が完全平方であるためには，$b^3=3b+18$ でなければならない。$b=3$ はこれをみたすので，$b=3$ として，両辺に加える式は $6x^2+6$ となり，もとの方程式は，

$$x^4+6x^2+9=6x^2+12x+6$$
$$(x^2+3)^2=6(x+1)^2$$
$$\therefore\ x^2+3=\pm\sqrt{6}(x+1)$$

この解は，$x=\sqrt{\dfrac{3}{2}}\pm\sqrt{\sqrt{6}-\dfrac{3}{2}},\ -\sqrt{\dfrac{3}{2}}\pm i\sqrt{\sqrt{6}+\dfrac{3}{2}}$

（ちなみにカルダーノは，複素数の解は無視しています。）

34 『フェッラーリとタルターリアの数学公開試合の問題』

x と y （どちらも正の値）の和が8のとき，$xy(x-y)$ が最大値となる x と y を求めよ*。

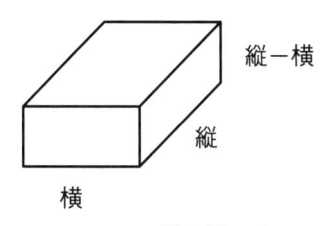

縦－横

縦

横

縦＋横＝8

（視覚化すると，この物体の体積を最大にしたい，ということですね。）

当時はまだ微分のない時代でした。フェッラーリやタルターリアになったつもりで，微分を使わずに解いてみましょう（微分を使ったら，あまりにも簡単に解けてしまうので）。

---

*V.J.Katz著，『カッツ 数学の歴史』（上野健爾，三浦伸夫監訳，共立出版，432p）より。フェッラーリ（Lodovico Ferrari, 1522年〜1565年）はカルダーノの弟子。

34

$x+y=8$ のとき,

$$xy(x-y) = -2x(x-4)(x-8)$$

$x=a$ のときに最大値 k となるとすると,

$$-2x(x-4)(x-8) - k = -2(x-a)^2(x-b)$$

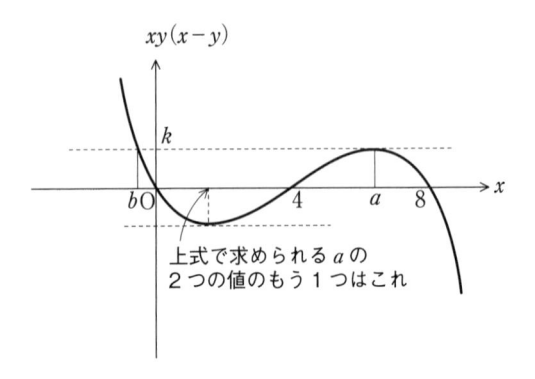

上式で求められる a の
2 つの値のもう 1 つはこれ

両辺の x^2 の項の係数,および x の項の係数はそれぞれ等しいので,

$$12 = 2a + b$$
$$32 = a^2 + 2ab$$
$$\therefore 3a^2 - 24a + 32 = 0$$
$$a = 4 \pm \frac{4\sqrt{3}}{3}$$

したがって,答えは,

$$x = 4 + \frac{4\sqrt{3}}{3}$$
$$y = 8 - x = 4 - \frac{4\sqrt{3}}{3}$$

35

『無限積の恒等式』

$$(1 + x)(1+x^2)(1+x^4)(1+x^8)(1+x^{16})\cdots = \frac{1}{1-x} \qquad (|x|<1)$$

この恒等式を証明できますか？

★ゾッとする外見かもしれませんが，しばらく考えていると，自明の等式に見えてきます。でも，それをどのように証明するかは，わかりにくいかもしれません。

35

以下は，オイラー*が示した方法です。

$$\frac{1}{1-x} = 1 + x + x^2 + x^3 + x^4 + x^5 \cdots$$ ［注：割り算をすれば導けます。］

$(1+x)(1+x^2)(1+x^4)(1+x^8)(1+x^{16})\cdots = P(x)$ とおく。

左辺を展開して，

$$1 + \alpha x + \beta x^2 + \gamma x^3 + \delta x^4 + \cdots \quad \cdots\cdots ①$$

（α，β，γ…の係数はいまのところ未定）

$$\frac{P(x)}{1+x} = (1+x^2)(1+x^4)(1+x^8)(1+x^{16})\cdots$$

この右辺は明らかに$P(x^2)$なので，

$$\frac{P(x)}{1+x} = 1 + \alpha x^2 + \beta x^4 + \gamma x^6 + \delta x^8 + \cdots$$

$$\therefore P(x) = (1+x)(1 + \alpha x^2 + \beta x^4 + \gamma x^6 + \delta x^8 + \cdots)$$
$$= 1 + x + \alpha x^2 + \alpha x^3 + \beta x^4 + \beta x^5 + \gamma x^6 + \gamma x^7 \cdots$$

これと①の係数を比較して，

$\alpha = 1$，$\beta = \alpha$，$\gamma = \alpha$，$\delta = \beta$ 等々により，すべての係数は1。
したがって，$P(x) = \dfrac{1}{1-x}$ となる。

---

*レオンハルト・オイラー（Leonhard Euler，1707年～1783年）。

36

『ヴィエトの等式』

$$\frac{\sqrt{2}}{2} \cdot \frac{\sqrt{2+\sqrt{2}}}{2} \cdot \frac{\sqrt{2+\sqrt{2+\sqrt{2}}}}{2} \cdots\cdots$$
$$= \frac{2}{\pi}$$

「中世に突然現われた快挙」といえる等式ですね。
あなたはこれを導けますか？

　無限積でπを表わす等式を導いたのは，フランソワ・ヴィエト（François Viète, 1540年〜1603年）が世界初（1593年）。2人目は後出のウォリス（1655年）。

　ヴィエトは1580年に枢密院の議員。1589年以降，ヴィエトの主な任務は，傍受した王の政敵同士の通信の暗号を解読することで，その能力に優れていたため，魔術を使って解読していると疑われ糾弾されたそうです（V.J.Katz著，『カッツ　数学の歴史』〈上野健爾，三浦伸夫監訳，共立出版，420p〉による）。

36

$\sin x = 2\cos\dfrac{x}{2}\sin\dfrac{x}{2}$

$\sin\dfrac{x}{2} = 2\cos\dfrac{x}{4}\sin\dfrac{x}{4}$ なので,

$\qquad = 2\cos\dfrac{x}{2}\cdot 2\cos\dfrac{x}{2^2}\sin\dfrac{x}{2^2}$

$\qquad = 2^n\cos\dfrac{x}{2}\cos\dfrac{x}{2^2}\cdots\cos\dfrac{x}{2^n}\sin\dfrac{x}{2^n}$

両辺を x で割って,

$\qquad \dfrac{\sin x}{x} = \cos\dfrac{x}{2}\cos\dfrac{x}{2^2}\cdots\cos\dfrac{x}{2^n}\cdot\dfrac{\sin\dfrac{x}{2^n}}{\dfrac{x}{2^n}}$

$n\to\infty$ のとき, $\dfrac{\sin\dfrac{x}{2^n}}{\dfrac{x}{2^n}}\to 1$

したがって, $\dfrac{\sin x}{x}$ を表わす無限級数は,

$\qquad \dfrac{\sin x}{x} = \cos\dfrac{x}{2}\cos\dfrac{x}{2^2}\cos\dfrac{x}{2^3}\cdots$

$x=\dfrac{\pi}{2}$ のとき,

$\qquad \dfrac{\sin\dfrac{\pi}{2}}{\dfrac{\pi}{2}} = \dfrac{2}{\pi} = \cos\dfrac{\pi}{4}\cos\dfrac{\pi}{8}\cos\dfrac{\pi}{16}\cdots$

$\qquad \cos^2\dfrac{\theta}{2} = \dfrac{1+\cos\theta}{2}$ より,

$0\leq\theta\leq\pi$ のとき, $\cos\dfrac{\theta}{2} = \dfrac{\sqrt{2+2\cos\theta}}{2}$

$\cos\dfrac{\pi}{4} = \dfrac{\sqrt{2}}{2}$

$\cos\dfrac{\pi}{8} = \dfrac{\sqrt{2+\sqrt{2}}}{2}$

$\cos\dfrac{\pi}{16} = \dfrac{\sqrt{2+\sqrt{2+\sqrt{2}}}}{2}$

……

ゆえに, $\dfrac{2}{\pi} = \dfrac{\sqrt{2}}{2}\cdot\dfrac{\sqrt{2+\sqrt{2}}}{2}\cdot\dfrac{\sqrt{2+\sqrt{2+\sqrt{2}}}}{2}\cdots$

37 『ケプラーのワイン樽の問題』

直立した円柱の形をしたワイン樽について，その対角線の長さ（ℓ）が決まっているとき，容積を最大にするためにはどうしたらよいでしょう？

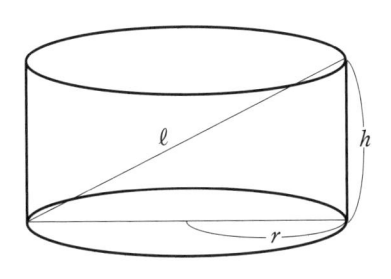

★本問は，現代では大学入試レベルの問題で，難問ではありませんが，ケプラー（1571年～1630年）は微分がまだない時代の人なのです——つまり，当時は難問だったのです。

A37

$\ell^2 = (2r)^2 + h^2$

$\therefore r^2 = \dfrac{\ell^2 - h^2}{4}$

$V = \pi r^2 h$
$ = \dfrac{\pi}{4}(\ell^2 h - h^3)$

$\dfrac{dV}{dh} = \dfrac{\pi}{4}(\ell^2 - 3h^2)$

$\dfrac{dV}{dh} = 0$ となるのは $h^2 = \dfrac{1}{3}\ell^2$（つまり，$h = \dfrac{\ell}{\sqrt{3}}$）のときで，

$0 < h < \dfrac{\ell}{\sqrt{3}}$ のとき，$\dfrac{dV}{dh} > 0$

$\dfrac{\ell}{\sqrt{3}} < h < \ell$ のとき，$\dfrac{dV}{dh} < 0$ なので，

$h = \dfrac{\ell}{\sqrt{3}}$ のとき V は最大。

したがって，$h = \dfrac{\ell}{\sqrt{3}}$ とすればよい。

［ちなみに，このときの V の値は，$\dfrac{\pi}{6\sqrt{3}}\ell^3$］

38 『ド・モアブルの問題』

歪みのないコインを10回投げたときに，表が3回以上連続して出る確率は？

★解けない人には「たっぷり時間をかけて数え上げるしかない問題」に見えるでしょうが，そのようにしないですむ方法があります。

＊ド・モアブル（Abraham de Moivre, 1667年〜1754年）。

38

n 投して表が 3 回以上連続「しない」場合の数を a_n 通りとすると、下表より、

$$a_n = a_{n-1} + a_{n-2} + a_{n-3} \quad \cdots\cdots ①$$

1投目	2投目	3投目	
裏			残り $n-1$ 枚なので、a_{n-1} 通り
表	裏		残り $n-2$ 枚なので、a_{n-2} 通り
表	表	裏	残り $n-3$ 枚なので、a_{n-3} 通り
表	表	表	3回連続してしまっている

そして、$a_1=2$, $a_2=4$, $a_3=7$ なので、①より、

$a_4=13$, $a_5=24$, $a_6=44$, $a_7=81$, $a_8=149$, $a_9=274$, $a_{10}=504$

したがって答えは、$\dfrac{2^{10}-504}{2^{10}} = \dfrac{520}{1024} = \dfrac{65}{128}$

《参考》

表が 3 回以上連続して出る確率 (P)

n	P
10	0.508
20	0.787
30	0.908
40	0.960
50	0.983

39

『ビュフォンの針の問題』

d の間隔で等間隔に引かれた平行線で覆われている水平面上に，長さ r の針を1本落とす（$r \leq d$）。針は平面に刺さらない。その針が平面上の線と交わる確率は？

---

* （Georges-Louis Leclerc de Buffon, 1707年～1788年。この問題は1777年のもの）

39

平行線に垂直な直線m上を針が動く場合，針と平行線とが交わる確率は$\frac{r}{d}$（図1）。

針とmのなす角をθとすると，針からmにおろした写像の長さは$r\cos\theta$ で，写像と平行線とが交わる確率pは$\frac{r\cos\theta}{d}$（図2）。

θが0から$\frac{\pi}{2}$に変わっていくときに，針と平行線とが交わる確率pの変化は，図3のとおり。

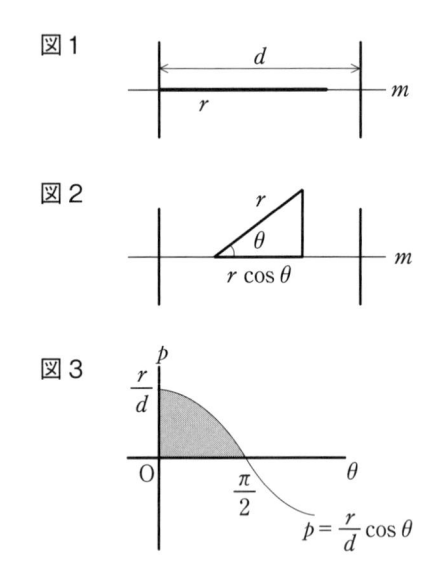

図1

図2

図3

グレー部分の面積を底辺の長さ$\left(\frac{\pi}{2}\right)$で割れば，$p$の平均値で，これが答え。

$$\frac{r}{d}\int_0^{\frac{\pi}{2}}\cos\theta\, d\theta \div \frac{\pi}{2} = \frac{2r}{\pi d}$$

40 『球面上の2点』

半径1の球があり，2匹の蟻が，球面上のそれぞれランダムな地点にいます。

2点間の距離（球面上を最短で行く）の期待値は？

40

　2点ＡＢはそれがどこにあろうとも，その2点を通る大円（球の中心を通るように球を切断したときの切り口の円）上にある。2点が中心からなす角 θ は，$0 \sim \pi$ で，どの角度である確率も同じ。平均値は $\frac{\pi}{2}$。したがって，2点間の距離の平均値は $\frac{\pi}{2}$。

　「これでは論理が怪しい」と思う人のための説明が，以下。

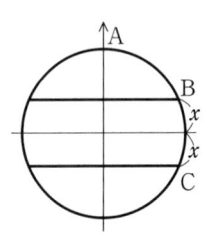

　蟻Ａを北極点（のような点）に固定する（2匹がどこにいようと，球を回転すれば蟻Ａをそのように置ける）。

　Ｂの水平の円周とＣの水平の円周は同じ（x の値が何であっても）。したがって，もう1匹がＢの円周上にいる確率とＣの円周上にいる確率は同じ。

　ＡＢ間の距離とＡＣ間の距離の平均値は，Ａから赤道までの距離（x の値が何であっても）。

　したがって，蟻2匹間の距離の平均値は，Ａから赤道までの距離で，$\frac{\pi}{2}$。

《積分を使った別の解き方》

　積分を使う要領は，重心の求め方（Ｑ8参照）と同じです。
左端に蟻Ａを固定。
右図で蟻間の距離は，$\pi - \theta$
太線部分の円周の長さは，$2\pi \sin\theta$
ゆえに，答えは

$$\frac{\int_0^\pi (\pi - \theta) 2\pi \sin\theta \, d\theta}{\int_0^\pi 2\pi \sin\theta \, d\theta} = \frac{2\pi^2}{4\pi} = \frac{\pi}{2}$$

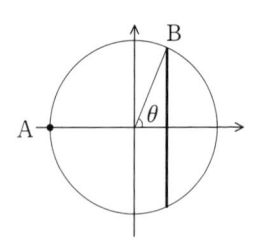

41

『円内の任意の点』

半径1の円内にランダムに点を1つおきます。
円の中心からその点までの距離の期待値は?

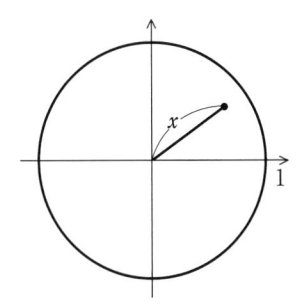

41

計算の仕方は，前問の解説の最後と同様です。

任意の点から原点までの距離を x とおく。
原点から x 離れた円周の長さは $2\pi x$
したがって，答えは，

$$\dfrac{\int_0^1 x \cdot 2\pi x dx}{\int_0^1 2\pi x dx}$$

$$= \dfrac{2}{3}$$

Q42

『円上の2点』

半径1の円周上にランダムに2点をおきます。
その2点間の距離(直線距離)の期待値は?

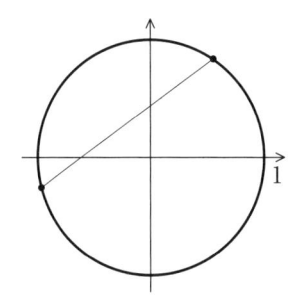

42

1つの点を (1, 0) に固定し，もう1点を下図のように，$0 \leq \theta \leq \pi$ で動かして，2点間の距離の平均値をとれば，それが答え。

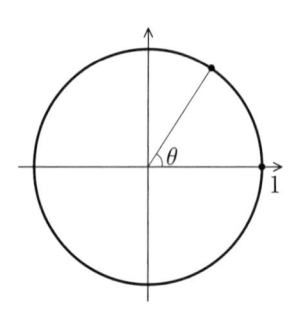

2点間の距離（正の値）は，
$$\sqrt{(1-\cos\theta)^2+\sin^2\theta} = \sqrt{2-2\cos\theta}$$
$$= \sqrt{4\sin^2\frac{\theta}{2}}$$
$$= 2\sin\frac{\theta}{2}$$

したがって，答えは，
$$\frac{1}{\pi}\int_0^\pi 2\sin\frac{\theta}{2}d\theta = \frac{1}{\pi}\left[-4\cos\frac{\theta}{2}\right]_0^\pi$$
$$= \frac{4}{\pi}$$

43

『デカルトの葉』

この図形は「デカルトの葉」とよばれています。

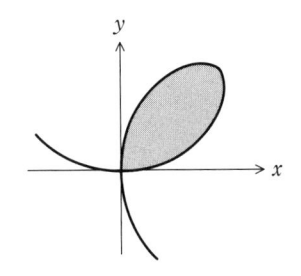

$$x^3 + y^3 = axy \quad (a \text{ は定数で}, a > 0)$$

ヨハン・ベルヌーイが1691年に上図グレー部分の面積を計算しました（高瀬正仁著,『古典的難問に学ぶ微分積分』, 共立出版）。

さて, あなたはこの面積を計算できますか？

★ヨハン・ベルヌーイと並ぶチャンスです。何日かかっても考え抜いて, 解いてしまいましょう！

43

これはかなりの難問です——三角関数を使わないならば。

それを使うと，以下のようにすんなりと解けます。

$x = r\cos\theta, y = r\sin\theta$ とおくと，

$$r = \frac{a\sin\theta\cos\theta}{\sin^3\theta + \cos^3\theta} \quad (0 \leqq \theta \leqq \frac{\pi}{2})$$

求める面積 S は，

$$\begin{aligned}
S &= \frac{1}{2}\int_0^{\frac{\pi}{2}} r^2 d\theta \\
&= \frac{a^2}{2}\int_0^{\frac{\pi}{2}} \frac{\tan^2\theta}{(\tan^3\theta + 1)^2} \cdot \frac{d\theta}{\cos^2\theta}
\end{aligned}$$

$\tan\theta = t$ とおくと，$\dfrac{d\theta}{\cos^2\theta} = dt$

$$\begin{aligned}
S &= \frac{a^2}{2}\int_0^\infty \frac{t^2}{(t^3+1)^2}\, dt \\
&= \frac{a^2}{2}\left[\frac{-1}{3(t^3+1)}\right]_0^\infty \\
&= \frac{a^2}{6}
\end{aligned}$$

44と45
『ヤーコプ・ベルヌーイと無限級数』（その1）

ヤーコプ・ベルヌーイは下の値を求めました。

Q44 $\dfrac{1}{2}+\dfrac{2^2}{2^2}+\dfrac{3^2}{2^3}+\dfrac{4^2}{2^4}+\cdots$

Q45 $\dfrac{1}{2}+\dfrac{2^3}{2^2}+\dfrac{3^3}{2^3}+\dfrac{4^3}{2^4}+\cdots$

あなたはこれらの値を計算できますか？

ちなみに，これらの問題を，Σを使って書くと——

Q44 $\displaystyle\sum_{k=1}^{\infty}\dfrac{k^2}{2^k}$

Q45 $\displaystyle\sum_{k=1}^{\infty}\dfrac{k^3}{2^k}$

44と45

まず，$\sum_{k=1}^{\infty}\dfrac{k}{2^k}=\dfrac{1}{2}+\dfrac{2}{2^2}+\dfrac{3}{2^3}+\dfrac{4}{2^4}+\cdots$

の値 S を求めておきましょう．

$$2S=1+\dfrac{2}{2}+\dfrac{3}{2^2}+\dfrac{4}{2^3}+\cdots$$

これからもとの式を引いて，

$$\begin{aligned}S&=1+\dfrac{1}{2}+\dfrac{1}{2^2}+\dfrac{1}{2^3}+\cdots\\&=2\end{aligned}$$

《より正確に書くと——第 n 項までの和 S_n は，$2-\dfrac{n+2}{2^n}$ で，$\lim_{n\to\infty}S_n=2$》

さて，Q44を計算しましょう．

$$S=\dfrac{1^2}{2}+\dfrac{2^2}{2^2}+\dfrac{3^2}{2^3}+\dfrac{4^2}{2^4}+\cdots \quad ①$$

$$2S=1+\dfrac{2^2}{2}+\dfrac{3^2}{2^2}+\dfrac{4^2}{2^3}+\cdots \quad ②$$

②−①で，

$$S=1+\dfrac{2^2-1^2}{2}+\dfrac{3^2-2^2}{2^2}+\dfrac{4^2-3^2}{2^3}+\cdots$$

$(n+1)^2-n^2=2n+1$ なので

$$\begin{aligned}&=1+\dfrac{2\cdot 1+1}{2}+\dfrac{2\cdot 2+1}{2^2}+\dfrac{2\cdot 3+1}{2^3}+\cdots\\&=1+2\sum_{k=1}^{\infty}\dfrac{k}{2^k}+\left(\dfrac{1}{2}+\dfrac{1}{2^2}+\dfrac{1}{2^3}+\cdots\right)\\&=6\end{aligned}$$

次はQ45です．

$$S=\dfrac{1^3}{2}+\dfrac{2^3}{2^2}+\dfrac{3^3}{2^3}+\dfrac{4^3}{2^4}+\cdots \quad ③$$

$$2S=1^3+\dfrac{2^3}{2}+\dfrac{3^3}{2^2}+\dfrac{4^3}{2^3}+\cdots \quad ④$$

④ − ③で，
$$S = 1 + \frac{2^3 - 1^3}{2} + \frac{3^3 - 2^3}{2^2} + \frac{4^3 - 3^3}{2^3} + \cdots$$
$(n+1)^3 - n^3 = 3n^2 + 3n + 1$なので，
$$= 1 + \frac{3 \cdot 1^2 + 3 \cdot 1 + 1}{2} + \frac{3 \cdot 2^2 + 3 \cdot 2 + 1}{2^2} + \frac{3 \cdot 3^2 + 3 \cdot 3 + 1}{2^3} + \cdots$$
$$= 1 + 3\sum_{k=1}^{\infty} \frac{k^2}{2^k} + 3\sum_{k=1}^{\infty} \frac{k}{2^k} + \left(\frac{1}{2} + \frac{1}{2^2} + \frac{1}{2^3} + \cdots\right)$$
$$= 26$$

ちなみに，$\sum_{k=1}^{\infty} \frac{k^4}{2^k}$ は，同様に計算して，
$$= 1 + 4\sum_{k=1}^{\infty} \frac{k^3}{2^k} + 6\sum_{k=1}^{\infty} \frac{k^2}{2^k} + 4\sum_{k=1}^{\infty} \frac{k}{2^k} + 1$$
$$= 150$$

また，$\sum_{k=1}^{\infty} \frac{k^5}{2^k}$ は，
$$= 1 + 5\sum_{k=1}^{\infty} \frac{k^4}{2^k} + 10\sum_{k=1}^{\infty} \frac{k^3}{2^k} + 10\sum_{k=1}^{\infty} \frac{k^2}{2^k} + 5\sum_{k=1}^{\infty} \frac{k}{2^k} + 1$$
$$= 1082$$

◎有名な3人のベルヌーイ

◆ヤーコプ・ベルヌーイ（Jakob Bernoulli, 1654年〜1705年）

独学で数学を学び，1687年にバーゼル大学の数学教授となり，生涯その職にいた。名前はジャックやジェイムズと書かれることもある。

◆ヨハン・ベルヌーイ（Johann Bernoulli, 1667年〜1748年）

ヤーコプの弟。オランダのフローニンゲン大学の数学教授となり，ヤーコプが亡くなった後，バーゼル大学の数学教授となった。名前はジャンやジョンと書かれることもある。オイラーの師。

◆ダニエル・ベルヌーイ（Daniel Bernoulli, 1700年〜1782年）

ヨハンの息子。流体力学と弾性体に関する業績が主なもの。オイラーの友人。

V.J.Katz著，『カッツ　数学の歴史』（上野健爾，三浦伸夫監訳，共立出版，619pほか）による。

46 『ヤーコプ・ベルヌーイと無限級数』(その2)

$1^4+2^4+3^4+4^4+\cdots+n^4$ の和 ($\sum_{k=1}^{n}k^4$) の値は？

　ヤーコプ・ベルヌーイは『推測術』Ars conjectandi（死後の1713年に出版された）に，$\sum_{k=1}^{n}k^{10}$までの公式を書きました（V.J.Katz著，『カッツ　数学の歴史』，上野健爾，三浦伸夫監訳，共立出版, 678p）。そのうちの1つを求める問題です。

46

$$\sum_{k=1}^{n} k = 1+2+3+4+\cdots+n = \frac{n(n+1)}{2}$$

これは知っていますね。

$$\sum_{k=1}^{n} k^2 = 1^2+2^2+3^2+\cdots+n^2 = \frac{n(n+1)(2n+1)}{6}$$

これも知っているでしょうが，この計算から始めましょう。

$(r+1)^3 = r^3 + 3r^2 + 3r + 1$

$\therefore (r+1)^3 - r^3 = 3r^2 + 3r + 1$

この式に $r=1, 2, \cdots\cdots, n$ を順に代入し，

$2^3 - 1^3 = 3 \cdot 1^2 + 3 \cdot 1 + 1$

$3^3 - 2^3 = 3 \cdot 2^2 + 3 \cdot 2 + 1$

$4^3 - 3^3 = 3 \cdot 3^2 + 3 \cdot 3 + 1$

$\vdots$

$(n+1)^3 - n^3 = 3 \cdot n^2 + 3 \cdot n + 1$

これらを合計すると（左辺はほとんどすべてが消え），

$(n+1)^3 - 1^3 = 3(1^2 + 2^2 + 3^2 + \cdots\cdots + n^2) + 3(1+2+3+\cdots\cdots+n) + n$

$S = 1^2 + 2^2 + 3^2 + \cdots\cdots + n^2$ とおくと，

$(n+1)^3 - 1 = 3S + 3\dfrac{n(n+1)}{2} + n$

$\therefore 3S = (n+1)^3 - 1 - 3\dfrac{n(n+1)}{2} - n = \dfrac{1}{2}n(n+1)(2n+1)$

$\therefore S = \dfrac{1}{6}n(n+1)(2n+1)$

次は，$\sum_{k=1}^{n} k^3$ です。

$(r+1)^4 = r^4 + 4r^3 + 6r^2 + 4r + 1$

$\therefore (r+1)^4 - r^4 = 4r^3 + 6r^2 + 4r + 1$

この式に $r=1, 2, \cdots\cdots, n$ を順に代入して合計し，

$$(n+1)^4 - 1^4 = 4\sum_{k=1}^{n}k^3 + 6\sum_{k=1}^{n}k^2 + 4\sum_{k=1}^{n}k + n$$

$$\therefore \sum_{k=1}^{n}k^3 = \frac{1}{4}n^2(n+1)^2$$

次は，$\sum_{k=1}^{n}k^4$ です。

$$(r+1)^5 - r^5 = 5r^4 + 10r^3 + 10r^2 + 5r + 1$$

この式に $r=1, 2, \ldots, n$ を順に代入して合計し，

$$(n+1)^5 - 1^5 = 5\sum_{k=1}^{n}k^4 + 10\sum_{k=1}^{n}k^3 + 10\sum_{k=1}^{n}k^2 + 5\sum_{k=1}^{n}k + n$$

$$\therefore \sum_{k=1}^{n}k^4 = \frac{1}{30}n(n+1)(2n+1)(3n^2+3n-1)$$

この要領でず〜っと計算していけますね。

ちなみに，$\sum_{k=1}^{n}k^5$ と $\sum_{k=1}^{n}k^6$ の値は下のようになります。

$$\sum_{k=1}^{n}k^5 = \frac{1}{12}n^2(n+1)^2(2n^2+2n-1)$$

$$\sum_{k=1}^{n}k^6 = \frac{1}{42}n(n+1)(2n+1)(3n^4+6n^3-3n+1)$$

5ページ後のQ49と，それに続くQ50の「破産問題」はとても有名なのですが，高校生にわかる用語と方法で解き方が書いてある本は全然見当たりませんねぇ——単に，私が見たことがないだけなのかもしれませんが。

本書では，高校生にわかる用語と方法で解き方を示します。

「破産問題」の一般解を考える前に，次の「破産問題・単純版」2つを解いておくと，Q49とQ50がさらに面白いかもしれません。

41

『破産問題・単純版』(その1)

　AもBも金貨をそれぞれ2枚持っています。AかBのどちらかがサイコロを振って，1〜4の目ならAの勝ち，5か6ならBの勝ちで，勝者は敗者から金貨を1枚もらいます（だから最初の2戦が1勝1敗なら，AもBも金貨は2枚ずつのままです）。

　Bのコインが結局0枚になってマッチ（対戦）が終わる確率は？

47

Aが対戦に勝つ確率をpとする。

Aが2連勝すれば，対戦は終わり（その後はないので，「その後に勝つ確率」は1）。

1勝1敗（「勝った後に負け」と「負けた後に勝ち」）なら，スタート時の状況と同じなので，その後に勝つ確率はp

2敗したら（負けなので）その後に勝つ確率は0

したがって，

$$p = \left(\frac{2}{3}\right)^2 \cdot 1 + \left(\frac{2}{3} \cdot \frac{1}{3} + \frac{1}{3} \cdot \frac{2}{3}\right)p$$
$$\therefore p = \frac{4}{5}$$

Q48 『破産問題・単純版』(その2)

　AとBの2人がいて，所持金は，Aが3円，Bが1円です。この2人がゲームを，一方が破産するまで永久に続けます。ゲームは公平で，毎ゲームでどちらが勝つ確率も$\frac{1}{2}$です。勝者が敗者から1円巻き上げ（受け取り）ます。どちらかの所持金がなくなったら，対戦は終了です。

　さて，AとBの，対戦に勝つ確率の比は？

48

Aが対戦に勝つ確率をpとすると，Bが勝つ確率は$1-p$

Aが1ゲーム目に勝てば，対戦は終わり（その後はないので，「その後に勝つ確率」は1）。

Aが1ゲーム目に負けたなら，

(1) 2ゲーム目に勝てば，対戦開始時の状態に戻るので，その後勝つ確率はp

(2) 2ゲーム目に負ければ，対戦開始時のBの状態と同じなので，その後勝つ確率は$1-p$

したがって，
$$p = \frac{1}{2} \cdot 1 + \frac{1}{2^2} p + \frac{1}{2^2}(1-p)$$
$$\therefore \ p = \frac{3}{4}$$

Bが勝つ確率は，$1 - \frac{3}{4} = \frac{1}{4}$ となるので，AとBの，対戦に勝つ確率の比は $3:1$

49 『破産問題・一般解』(その1)

AとBの2人がいて,2人の所持金は,Aがm円,Bがn円です。この2人がゲームを,一方が破産するまで永久に続けます。ゲームは公平で,毎ゲームでどちらが勝つ確率も$\frac{1}{2}$です。勝者が敗者から1円巻き上げ(受け取り)ます。どちらかの所持金がなくなったら,対戦は終了です。

さて,AとBの,対戦に勝つ確率の比は?

49

Bの所持金がk円のときにBが破産する確率をP_kとおく。

$P_0 = 1$

$P_{m+n} = 0$

k円の状態で1ゲームに,勝ったら$k+1$円となり負けたら$k-1$円となるので,

$P_k = \dfrac{1}{2} P_{k+1} + \dfrac{1}{2} P_{k-1}$

$\therefore P_{k+1} - P_k = P_k - P_{k-1}$

ゆえにP_kは等差数列

$P_0 = 1$, $P_{m+n} = 0$ より,公差は $\dfrac{-1}{m+n}$

$\therefore P_k = 1 - \dfrac{k}{m+n}$

したがって, $P_n = 1 - \dfrac{n}{m+n} = \dfrac{m}{m+n}$

ゆえに,それぞれが対戦に勝つ確率は,Aが $\dfrac{m}{m+n}$,Bが $\dfrac{n}{m+n}$ で,AとBの,対戦に勝つ確率の比は m:n

50

『破産問題・一般解』(その2)

　AとBの2人がいて、2人の所持金は、Aがm円、Bがn円です。この2人がゲームを、一方が破産するまで永久に続けます。ゲームは不公平で、毎ゲームでAが勝つ確率はa、Bが勝つ確率はbです（$a+b=1$, $a \neq b$）。勝者が敗者から1円巻き上げ（受け取り）ます。どちらかの所持金がなくなったら、対戦は終了です。

　さて、Aが対戦に勝つ（Bが破産する）確率は？

★これを解いたのは、ヤーコプ・ベルヌーイです。

Bの所持金がk円のときにBが破産する確率をP_kとおく。

$P_0 = 1$

$P_{m+n} = 0$

k円の状態で1ゲームに, 勝ったら$k+1$円となり負けたら$k-1$円となるので,

$P_k = bP_{k+1} + aP_{k-1}$

$\therefore\ P_{k+1} - P_k = \dfrac{a}{b}(P_k - P_{k-1})$

$\dfrac{a}{b} \neq 1$なので, 隣り合った項の差が等比数列となっている。

$P_1 - P_0$の値をxとおくと,

$$\underbrace{P_0\ \underbrace{P_1}_{x}\ \underbrace{P_2}_{\frac{a}{b}x}\cdots\cdots \underbrace{P_{m+n-1}\ P_{m+n}}_{\frac{a^{m+n-1}}{b^{m+n-1}}x}}$$

したがって, $P_0 = 1$, $P_{m+n} = 0$ より,

$x + \dfrac{a}{b}x + \cdots\cdots + \dfrac{a^{m+n-1}}{b^{m+n-1}}x = P_{m+n} - P_0 = -1$

$\therefore\ x = \dfrac{-\left(1 - \dfrac{a}{b}\right)}{1 - \dfrac{a^{m+n}}{b^{m+n}}}$

$P_n = 1 + x + \dfrac{a}{b}x + \cdots + \dfrac{a^{n-1}}{b^{n-1}}x$

$\quad = \dfrac{a^n(a^m - b^m)}{a^{m+n} - b^{m+n}}$

51 『ランダムウォークの基本問題』

1の長さの6本の棒で作った正四面体（下図）があり，蟻が図のAの地点からスタートします。蟻は毎秒1のスピードで進み，各頂点では止まらず，毎秒ごとに，次にどこに向かうかはランダムです（つまり，来たばかりの道を戻ることもあります）。

n秒後に蟻がAの地点にいる確率は？

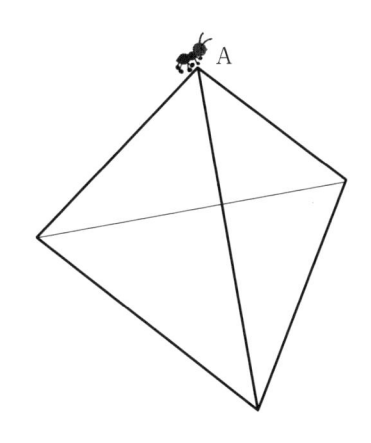

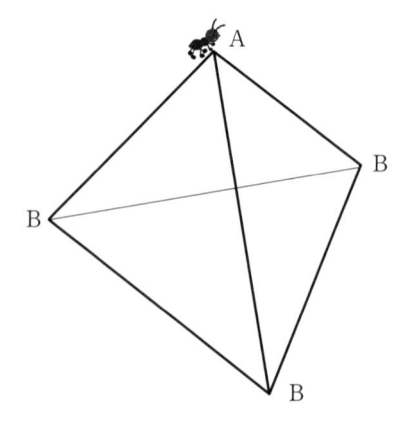

n 秒後に蟻が A にいる確率を P_n とすると，B にいる確率は $1-P_n$ で，$P_0=1$

A にいる蟻は 1 秒後に B で，B にいる蟻は 1 秒後に，$\frac{2}{3}$ の確率で B，$\frac{1}{3}$ の確率で A なので，

$$P_n = 0 \cdot P_{n-1} + \frac{1}{3}(1 - P_{n-1})$$

$$\therefore P_n - \frac{1}{4} = -\frac{1}{3}\left(P_{n-1} - \frac{1}{4}\right)$$

$$= \left(-\frac{1}{3}\right)^2 \left(P_{n-2} - \frac{1}{4}\right)$$

$$= \left(-\frac{1}{3}\right)^n \left(P_0 - \frac{1}{4}\right)$$

$$= \frac{3}{4}\left(-\frac{1}{3}\right)^n$$

$$\therefore P_n = \frac{1}{4} + \frac{3}{4}\left(-\frac{1}{3}\right)^n$$

《なお，本問は外見を変えて（正四面体のランダム転がしの形で）1991 年に東大入試で出題されました。》

52

『n個から偶数個』
【基本問題】

n個の桃があります。その中から偶数個を選びます（2個以上，n個以下）。

桃を個体ごとに区別した場合，何通りの選び方がある？

★基本問題だけれど，解けない人にはパズルとしてかなり面白い？

A52

$(1+x)^n$ を展開してから $x=1$ を代入して,下式の左辺。単に代入で右辺。

$${}_n C_0 + {}_n C_1 + {}_n C_2 + \cdots + {}_n C_n = 2^n \quad \cdots\cdots ①$$

$(1+x)^n$ を展開してから $x=-1$ を代入して,下式の左辺。単に代入で右辺。

$${}_n C_0 - {}_n C_1 + {}_n C_2 - {}_n C_3 + \cdots + (-1)^n {}_n C_n = 0 \quad \cdots\cdots ②$$

$\dfrac{①+②}{2}$ で,

$${}_n C_0 + {}_n C_2 + {}_n C_4 + \cdots = 2^{n-1}$$

したがって,${}_n C_0 = 1$ を引いて答えは,$2^{n-1} - 1$

53 『$2n+1$枚のカードから3枚』
【基本的な難問】

$2n+1$枚のカードがあり,各カードにはそれぞれ異なる数字(1から$2n+1$まで)が書いてあります。

ここからランダムに3枚を取り出します。各カードの数の差(の絶対値)の最小値があなたの得点です。

たとえば,3枚が「4,9,10」なら,あなたの得点は1点です。

さて,あなたの得点の期待値は?

53

得点の最大値は n （3枚が「1, $n+1$, $2n+1$」のときのみ）

k 点となる場合の数は，以下の(1)と(2)の合計。

(1) 値が小さいカード2枚で得点が決まる場合（3枚目のカードが□）

```
1     k+1  2k+1      2n+1
■ … ■ … □___□
       (2n-2k+1) 通り
```

最小のカードが1，2，3，…と変わるにつれて，3枚目の可能性は1通りずつ減っていく。

$1 \sim (2n-2k+1)$ までの和は，$(n-k+1)(2n-2k+1)$

(2) 値が大きいカード2枚で得点が決まる場合

```
1      2n-2k  2n-k+1    2n+1
□___□ … ■ …… ■
        *
(2n-2k) 通り
```

（*）$2n-2k+1$ ここを1つ空けないと，(1)と重複してしまう。

$1 \sim (2n-2k)$ までの和は，$(n-k)(2n-2k+1)$

(1)+(2) で，$(2n-2k+1)^2$

ゆえに，k 点となる確率は，$\dfrac{(2n-2k+1)^2}{{}_{2n+1}\mathrm{C}_3}$

したがって，得点の期待値は，

$$\sum_{k=1}^{n} k \cdot \dfrac{(2n-2k+1)^2}{{}_{2n+1}\mathrm{C}_3} = \dfrac{(n+1)(2n^2+2n-1)}{2(2n+1)(2n-1)}$$

54

『黒く塗る』
【基本的な難問】

　横1列に並べて固定されている9つの白マスのいくつか（0であってもよい）を黒く塗ります。ただし，黒いマスが2つ以上隣り合ってはいけません。

　塗り方は何通りありますか？

左 □ ■ □ □ □ ■ □ □ ■ 右

54

マスが n 個の場合の塗り方を a_n 通りとおく。

a_n 通り中，右端が白のものは，a_{n-1} 通り。

a_n 通り中，右端が黒のものは，(そのすぐ左は必ず白なので，それら2つを除外した通り数と同じで) a_{n-2} 通り。

したがって，$a_n = a_{n-1} + a_{n-2}$

$a_1 = 2$，$a_2 = 3$ より，

$a_3 = 5$，$a_4 = 8$，$a_5 = 13$，$a_6 = 21$，$a_7 = 34$，$a_8 = 55$，$a_9 = 89$

で，答えは89通り。

★フィボナッチ数列です。気がつきましたか？

第3部

ニュートンとオイラー

さて，いよいよ「天才中の天才」である2人，ニュートンとオイラーが登場します。2人がどんな発見をしたかを1つずつ見るたびに，あなたはきっと「数学って楽しいなぁ」と強く思うことでしょう。

55

『メルカトルの級数』

$$1 - \frac{1}{2} + \frac{1}{3} - \frac{1}{4} + \frac{1}{5} - \frac{1}{6} + \cdots$$

この無限級数(無限に続く数列の和)の値は?

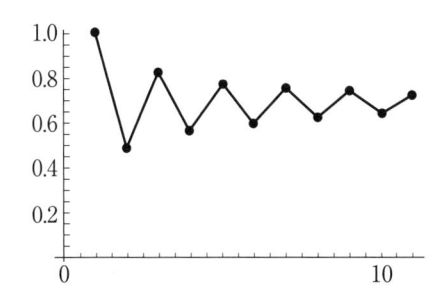

解く方法を思いついたらあっさり解けますが,思いつかないと当然ながら解けませんね。

解けなくても,少なくとも1週間くらいは考えてみましょう!

あれこれ考えている(工夫を試みている)間,たっぷり楽しめますよ。

すぐに答えを見て楽しみ損なったら,一生の損です。

$f(x) = x - \dfrac{x^2}{2} + \dfrac{x^3}{3} - \dfrac{x^4}{4} + \cdots$ とおきます。$f(1)$ が出題の答えです。

$\quad f'(x) = 1 - x + x^2 - x^3 + x^4 - x^5 + \cdots$
$\quad\quad\quad = \dfrac{1}{1+x}$ 　[$1 \div (1+x)$ の割り算をすれば確認できます]

$\ln(1+x)$ を x で微分すると $\dfrac{1}{1+x}$（で，$f(0) = 0$，$\ln(1+0) = 0$）なので結局，

$\quad \ln(1+x) = x - \dfrac{x^2}{2} + \dfrac{x^3}{3} - \dfrac{x^4}{4} + \cdots$

x に 1 を代入して，

$\quad \ln 2 = 1 - \dfrac{1}{2} + \dfrac{1}{3} - \dfrac{1}{4} + \dfrac{1}{5} - \dfrac{1}{6} + \cdots$

というわけで，$\ln 2$ が答えです。

◎$\ln(1+x) = x - \dfrac{x^2}{2} + \dfrac{x^3}{3} - \dfrac{x^4}{4} + \cdots$

　この級数はニコラウス・メルカトル Nicolaus Mercator（本名はカウフマン，1620年～1687年）の『対数技法』（1668年）に書かれていて，メルカトルの対数級数とよばれています。

$\ln x$ は $\log_e x$ と同じ意味。

56 『ln2 の近似値』

ln2 の近似値を，前ページの級数を使って求めてみましょう——といっても，そのまま x に 1 を代入するのでは収束が遅くて精度の高い近似値はなかなか得られませんね。どんな工夫をしたら，精度の高い近似値が得られますか？ 関数電卓のない17世紀の人になったつもりで，単純で効果的な工夫を 1 つ編み出してみてください。

$$\ln(1+x) = x - \frac{x^2}{2} + \frac{x^3}{3} - \frac{x^4}{4} + \cdots \quad \cdots\cdots ①$$

x に $-x$ を代入して

$$\ln(1-x) = -x - \frac{x^2}{2} - \frac{x^3}{3} - \frac{x^4}{4} - \cdots \quad \cdots\cdots ②$$

① $-$ ② より

$$\ln\frac{1+x}{1-x} = 2\left(x + \frac{x^3}{3} + \frac{x^5}{5} + \cdots\right)$$

この式に $x = \frac{1}{3}$ を代入すればいいのです。こちらは収束が速いですね。なお，この式を導いたのは，ジェイムズ・グレゴリーです（1668年）。

$$\ln 2 = 0.6931471805\cdots$$

『調和級数』

$$\sum_{k=1}^{\infty}\frac{1}{k}=1+\frac{1}{2}+\frac{1}{3}+\frac{1}{4}+\cdots$$

これを調和級数といい，この無限級数が発散することは，高校で学びますね（下のように）。

$$1+\left(\frac{1}{2}\right)+\left(\frac{1}{3}+\frac{1}{4}\right)+\left(\frac{1}{5}+\frac{1}{6}+\frac{1}{7}+\frac{1}{8}\right)+\left(\frac{1}{9}+\cdots+\frac{1}{16}\right)+\cdots$$
$$>1+\left(\frac{1}{2}\right)+\left(\frac{1}{4}+\frac{1}{4}\right)+\left(\frac{1}{8}+\frac{1}{8}+\frac{1}{8}+\frac{1}{8}\right)+\left(\frac{1}{16}+\cdots+\frac{1}{16}\right)+\cdots$$
$$=1+\frac{1}{2}\quad+\frac{1}{2}\quad+\frac{1}{2}\quad+\frac{1}{2}\quad+\cdots$$

これは14世紀のニコル・オレームの方法です。

では，これとは別の証明方法を何か1つ考案してみましょう。

（次ページに示すのはオイラーの方法です。）

57

$$\ln(1+x) = x - \frac{x^2}{2} + \frac{x^3}{3} - \frac{x^4}{4} + \cdots$$

x に -1 を代入し，両辺に -1 をかけると，

$$-\ln(0) = 1 + \frac{1}{2} + \frac{1}{3} + \frac{1}{4} + \cdots$$

$\ln(0) = -\infty$ なので，$-\ln(0) = \infty$

ゆえに，$1 + \dfrac{1}{2} + \dfrac{1}{3} + \dfrac{1}{4} + \cdots = \infty$

『オイラー定数』

$$\sum_{k=1}^{n} \frac{1}{k} \approx \ln(n+1) + 0.577218$$

($\approx$ は日本の $\fallingdotseq$ と同じ意)

　これはオイラーが示した式（n が大きい値のとき，このように近似できる）で，右端の値はオイラーが計算した概算値です。この右端の値を，現在では γ で表わし，「オイラー定数」とよんでいます（より正確には，0.5772156649）。
　さて，この式をあなたは導けますか？
（ただし，γ の値を概算する必要はありません。）

$$\ln(1+x) = x - \frac{x^2}{2} + \frac{x^3}{3} - \frac{x^4}{4} + \cdots$$

$x = \dfrac{1}{n}$ を代入し,

$$\ln\left(1+\frac{1}{n}\right) = \frac{1}{n} - \frac{1}{2n^2} + \frac{1}{3n^3} - \frac{1}{4n^4} + \cdots$$

$$\therefore \frac{1}{n} = \ln\frac{n+1}{n} + \frac{1}{2n^2} - \frac{1}{3n^3} + \frac{1}{4n^4} - \cdots$$

これに, $n = 1, 2, 3, \cdots$ を代入し,

$$1 = \ln 2 + \frac{1}{2 \cdot 1^2} - \frac{1}{3 \cdot 1^3} + \frac{1}{4 \cdot 1^4} - \cdots$$

$$\frac{1}{2} = \ln\frac{3}{2} + \frac{1}{2 \cdot 2^2} - \frac{1}{3 \cdot 2^3} + \cdots$$

$$\frac{1}{3} = \ln\frac{4}{3} + \frac{1}{2 \cdot 3^2} - \frac{1}{3 \cdot 3^3} + \cdots$$

$$\vdots$$

$$\frac{1}{n} = \ln\frac{n+1}{n} + \frac{1}{2n^2} - \frac{1}{3n^3} + \frac{1}{4n^4} - \cdots$$

これらを合計し,

$$\sum_{k=1}^{n} \frac{1}{k}$$
$$= \ln 2 + \ln\frac{3}{2} + \cdots + \ln\frac{n+1}{n} + \frac{1}{2}\sum_{k=1}^{n}\frac{1}{k^2} - \frac{1}{3}\sum_{k=1}^{n}\frac{1}{k^3} + \frac{1}{4}\sum_{k=1}^{n}\frac{1}{k^4} - \cdots$$
$$= \ln(n+1) + \frac{1}{2}\sum_{k=1}^{n}\frac{1}{k^2} - \frac{1}{3}\sum_{k=1}^{n}\frac{1}{k^3} + \frac{1}{4}\sum_{k=1}^{n}\frac{1}{k^4} - \cdots$$

この右辺の第2項以下の合計は, n が ∞ のとき収束し, 約 0.5772156649 となります。

γ の古い定義は,

$$\gamma = \lim_{n \to \infty}\left\{\sum_{k=1}^{n}\frac{1}{k} - \ln(n+1)\right\}$$

でしたが, 現代では,

$$\gamma = \lim_{n \to \infty}\left\{\sum_{k=1}^{n}\frac{1}{k} - \ln(n)\right\}$$

と定義されています。どちらでも γ の値は同じです。

59 『ライプニッツ・グレゴリー級数』

$$1 - \frac{1}{3} + \frac{1}{5} - \frac{1}{7} + \frac{1}{9} - \cdots$$

この無限級数の値は？

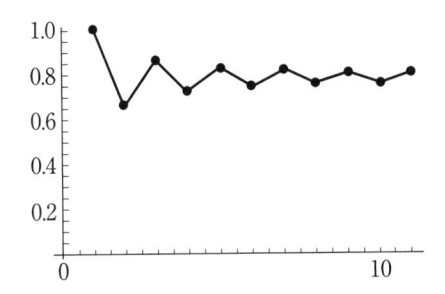

59

$$f(x) = x - \frac{x^3}{3} + \frac{x^5}{5} - \frac{x^7}{7} + \cdots$$

とおくと，$f(1)$ が本問の答え。

両辺を x で微分して，

$$f'(x) = 1 - x^2 + x^4 - x^6 + \cdots$$
$$= \frac{1}{1+x^2} \quad [1 \div (1+x^2) \text{の割り算をすれば，確認できます}]$$

$\tan \theta$ を微分したことがある人なら，このあとどう続けたらいいか，わかりますね。

$\tan \theta = x$ であるとき，

$$\frac{d\theta}{dx} = \cos^2 \theta = \frac{1}{1+\tan^2 \theta} = \frac{1}{1+x^2}$$

$\tan \theta = x \Leftrightarrow \arctan x = \theta$ なので，

$(\arctan x)' = \dfrac{1}{1+x^2}$ ［今導かれたこれは，重要な公式の1つ］

したがって，$f(x)$ は $\arctan x$ というわけです（$f(0) = 0$，$\arctan 0 = 0$ ですから）。

$$\arctan x = x - \frac{x^3}{3} + \frac{x^5}{5} - \frac{x^7}{7} + \cdots$$

［これをグレゴリーの公式とよびます］

ゆえに，本問の答えは，$f(1) = \arctan 1 = \dfrac{\pi}{4}$

◎ $\dfrac{\pi}{4} = 1 - \dfrac{1}{3} + \dfrac{1}{5} - \dfrac{1}{7} + \dfrac{1}{9} - \cdots$

ジェイムズ・グレゴリー（James Gregory，1638年～1675年）が1671年に，ライプニッツ（1646年～1716年）が1674年に，それぞれ別に発見しました。それでこの式は一般的にはライプニッツ・グレゴリー級数とよばれています。

美しい式なのですが，収束速度があまりにゆっくりなので，π の値を求めるためには有効ではありませんね。［有効な方法は4問あとで］

60 『まったくの遊びの謎解き』(その1)

$$1+\frac{1}{2}-\frac{1}{4}-\frac{1}{5}+\frac{1}{7}+\frac{1}{8}-\frac{1}{10}-\frac{1}{11}+\cdots$$

「分母が3の倍数の項」が欠落している,この奇妙で美しい無限級数の値は?

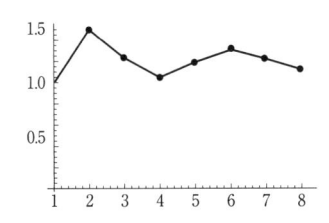

★遊びの問題とはいえ,解けるまで少なくとも数日は考えてみましょう。

A60

$$f(x) = 1x + \frac{1}{2}x^2 + 0x^3 - \frac{1}{4}x^4 - \frac{1}{5}x^5 + \cdots$$

とおくと，$f(1)$ が答え。また，$f(0)=0$ なので，$f(1)-f(0)$ も答え。

$$f'(x) = 1 + x - x^3 - x^4 + x^6 + x^7 - x^9 - x^{11} + \cdots$$
$$= \frac{1}{1-x+x^2} \quad [1 \div (1-x+x^2) \text{の割り算をすれば確認できます}]$$

$$\therefore f(x) = \int \frac{1}{1-x+x^2} dx$$
$$= \int \frac{1}{\left(x-\frac{1}{2}\right)^2 + \frac{3}{4}} dx$$

$u = x - \frac{1}{2}$ とおくと，$du = dx$ で，

$$= \frac{4}{3} \int \frac{1}{\frac{4}{3}u^2 + 1} du$$

$s = \frac{2u}{\sqrt{3}}$ とおくと，$ds = \frac{2}{\sqrt{3}} du$ で，

$$= \frac{2}{\sqrt{3}} \int \frac{1}{s^2+1} ds$$

$\int \frac{1}{s^2+1} ds$ は $\arctan s + C$ なので，[前問参照]

$$= \frac{2}{\sqrt{3}} \arctan \frac{2x-1}{\sqrt{3}} + C$$

したがって，答えは，

$$f(1) - f(0) = \frac{2\pi}{3\sqrt{3}}$$

61 『まったくの遊びの謎解き』(その2)

$$1 - \frac{1}{4} + \frac{1}{7} - \frac{1}{10} + \cdots$$

前問よりもはるかにシンプルな，この美しい無限級数の値は？
（答えは前問より，ちょっとだけ複雑です）

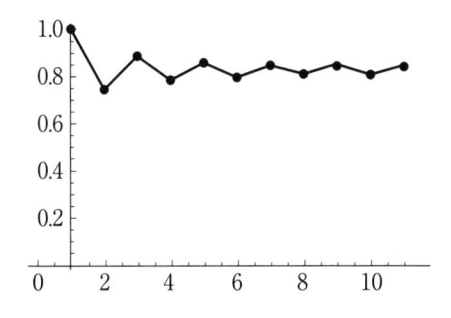

★遊びの問題とはいえ，解けるまで少なくとも数日は考えてみましょう。

61

$1 - \dfrac{1}{4} + \dfrac{1}{7} - \dfrac{1}{10} + \cdots$

$= \left[x - \dfrac{x^4}{4} + \dfrac{x^7}{7} - \dfrac{x^{10}}{10} + \cdots \right]_0^1$

$= \displaystyle\int_0^1 (1 - x^3 + x^6 - x^9 + \cdots)\, dx$

$= \displaystyle\int_0^1 \dfrac{1}{1+x^3}\, dx$ 　[$1 \div (1+x^3)$ の割り算をすれば確認できます]

$\displaystyle\int \dfrac{1}{1+x^3}\, dx$
$= \dfrac{1}{3}\displaystyle\int \dfrac{1}{x+1}\, dx - \dfrac{1}{6}\displaystyle\int \dfrac{2x-1}{x^2-x+1}\, dx + \dfrac{1}{2}\displaystyle\int \dfrac{1}{x^2-x+1}\, dx$
$= \dfrac{1}{3}\ln(x+1) - \dfrac{1}{6}\ln(x^2-x+1) + \dfrac{1}{\sqrt{3}}\arctan\dfrac{2x-1}{\sqrt{3}} + C$

[arctan の部分は前問参照]

したがって,

$\displaystyle\int_0^1 \dfrac{1}{1+x^3}\, dx = \dfrac{\sqrt{3}\,\pi}{9} + \dfrac{1}{3}\ln 2$

62 『ブラウンカーの連分数』

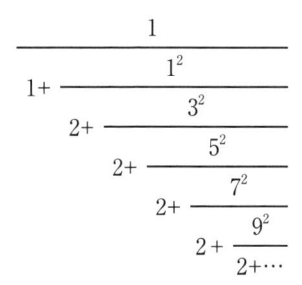

$$\cfrac{1}{1+\cfrac{1^2}{2+\cfrac{3^2}{2+\cfrac{5^2}{2+\cfrac{7^2}{2+\cfrac{9^2}{2+\cdots}}}}}}$$

これはWilliam Brouncker（1620年～1684年）が1656年にWallisの無限積（後出）を変形して発見した，あまりにも有名な連分数です。

この値が何であるかを「予想」してみましょう。

また，可能なら，その値がこの連分数になることを導いてみましょう。

62

近似分数を順に求めていくと,

$$\cfrac{1}{1+\cfrac{1^2}{2}} = \frac{2}{3} = 1 - \frac{1}{3}$$

$$\cfrac{1}{1+\cfrac{1^2}{2+\cfrac{3^2}{2}}} = \frac{13}{15} = 1 - \frac{1}{3} + \frac{1}{5}$$

$$\cfrac{1}{1+\cfrac{1^2}{2+\cfrac{3^2}{2+\cfrac{5^2}{2}}}} = \frac{76}{105} = 1 - \frac{1}{3} + \frac{1}{5} - \frac{1}{7}$$

$$\cfrac{1}{1+\cfrac{1^2}{2+\cfrac{3^2}{2+\cfrac{5^2}{2+\cfrac{7^2}{2}}}}} = \frac{263}{315} = 1 - \frac{1}{3} + \frac{1}{5} - \frac{1}{7} + \frac{1}{9}$$

となるので,この連分数の値は,ライプニッツ・グレゴリー級数の値 $\left(\dfrac{\pi}{4}\right)$ となることが「予想」できます。

《参考》Brounckerの連分数を求める

まず回り道をして，利用価値の高い等式を導いておきましょう．

$K = a_1 + a_1 a_2 + a_1 a_2 a_3 + \cdots$ とおくと，

$$K = a_1(1 + a_2 + a_2 a_3 + \cdots)$$

$$= \cfrac{a_1}{\cfrac{(1 + a_2 + a_2 a_3 + \cdots) - (a_2 + a_2 a_3 + \cdots)}{1 + a_2 + a_2 a_3 + \cdots}}$$

$$= \cfrac{a_1}{1 - \cfrac{a_2(1 + a_3 + a_3 a_4 + \cdots)}{1 + a_2(1 + a_3 + a_3 a_4 + \cdots)}}$$

$$= \cfrac{a_1}{1 - \cfrac{a_2}{a_2 + \cfrac{(1 + a_3 + a_3 a_4 + \cdots) - (a_3 + a_3 a_4 + \cdots)}{1 + a_3 + a_3 a_4 + \cdots}}}$$

$$= \cfrac{a_1}{1 - \cfrac{a_2}{a_2 + 1 - \cfrac{a_3(1 + a_4 + \cdots)}{1 + a_3(1 + a_4 + \cdots)}}}$$

と式変形を続けて，結局

$$a_1 + a_1 a_2 + a_1 a_2 a_3 + \cdots$$
$$= \frac{a_1}{1} - \frac{a_2}{1 + a_2} - \frac{a_3}{1 + a_3} - \frac{a_4}{1 + a_4} - \cdots \quad (\text{注})$$

（以上，回り道でしたが，この等式はいろいろ役立つんですよ．）

これに，$a_1 = \dfrac{1}{c_1}$, $a_2 = -\dfrac{c_1}{c_2}$, $a_3 = -\dfrac{c_2}{c_3}$, $\cdots$ を代入して，

$$\frac{1}{c_1} - \frac{1}{c_2} + \frac{1}{c_3} - \frac{1}{c_4} + \cdots = \cfrac{1}{c_1 + \cfrac{c_1^2}{c_2 - c_1 + \cfrac{c_2^2}{c_3 - c_2 + \cfrac{c_3^2}{c_4 - c_3 + \cdots}}}}$$

これにライプニッツ・グレゴリー級数（Q59）を適用すれば，Brounckerの連分数が得られます．

(注) 連分数はスペースをムダに取らないように，以下のような表記もします。

$$b_0 + \cfrac{a_1}{b_1 + \cfrac{a_2}{b_2 + \cfrac{a_3}{b_3 + \cfrac{a_4}{b_4 + \cdots}}}} = b_0 + \frac{a_1}{b_1} + \frac{a_2}{b_2} + \frac{a_3}{b_3} + \frac{a_4}{b_4} + \cdots$$

コラム 『面白い連分数』

面白い連分数はいろいろあります。

黄金比 $\phi = \dfrac{1}{2}(1+\sqrt{5}) = 1 + \dfrac{1}{1} + \dfrac{1}{1} + \dfrac{1}{1} + \cdots$

は数学の教科書に載っているでしょうから，ここにわざわざ書く必要はないかもしれませんが，他に，以下のようなものもあります。

$$\frac{1}{\ln 2} = 1 + \cfrac{1^2}{1 + \cfrac{2^2}{1 + \cfrac{3^2}{1 + \cfrac{4^2}{1 + \cdots}}}}$$

$$e = 2 + \cfrac{2}{2 + \cfrac{3}{3 + \cfrac{4}{4 + \cfrac{5}{5 + \cdots}}}}$$

［上記より自明ながら］

$$\frac{1}{e-1} = \cfrac{1}{1 + \cfrac{2}{2 + \cfrac{3}{3 + \cfrac{4}{4 + \cdots}}}}$$

$$\tan x = \cfrac{x}{1 - \cfrac{x^2}{3 - \cfrac{x^2}{5 - \cfrac{x^2}{7 - \cfrac{x^2}{9 - \cdots}}}}}$$

《これは，1766年にJ. H. Lambert（1728年～1777年）が発見した，これまた有名な連分数です。あなたはこれを今はまだ導けないでしょうが，本書を読み進んだあとではきっと導けるでしょう。あとで（あなたが解けるようになってから）出題しますので，お楽しみに。》

$$\tanh x = \frac{e^{2x}-1}{e^{2x}+1} = \cfrac{x}{1+\cfrac{x^2}{3+\cfrac{x^2}{5+\cfrac{x^2}{7+\cdots}}}}$$

［上式に $x=1$ を代入して］

$$\frac{e^2-1}{e^2+1} = \cfrac{1}{1+\cfrac{1}{3+\cfrac{1}{5+\cfrac{1}{7+\cdots}}}}$$

63

『マキンの等式』

$$4\arctan\frac{1}{5} - \arctan\frac{1}{239} = \frac{\pi}{4}$$

ジョン・マキン John Machin (1680年～1752年) は，この式（とグレゴリーの公式）を使って，1706年にπの値を小数点以下100桁まで計算しました。あなたはこの等式を導けますか？

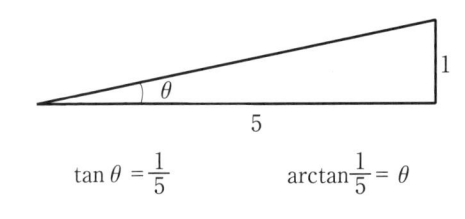

$$\tan\theta = \frac{1}{5} \qquad \arctan\frac{1}{5} = \theta$$

★Machinのhは発音せず，マチンではなくマキンです。

63

$$\tan 2x = \frac{2\tan x}{1-\tan^2 x}$$

$\tan x = \dfrac{1}{5}$ （つまり，$\arctan\dfrac{1}{5}=x$）のとき，

$$\tan 2x = \frac{5}{12}$$

$$\tan 4x = \frac{120}{119}$$

$\tan(A-B) = \dfrac{\tan A - \tan B}{1+\tan A \tan B}$ に $A=4x$, $B=\dfrac{\pi}{4}$ を代入して，

$$\tan\left(4x-\frac{\pi}{4}\right) = \frac{1}{239}$$

$\therefore\ 4x - \dfrac{\pi}{4} = \arctan\dfrac{1}{239}$

$\therefore\ 4\arctan\dfrac{1}{5} - \arctan\dfrac{1}{239} = 4x - \left(4x - \dfrac{\pi}{4}\right) = \dfrac{\pi}{4}$

64 『ニュートンの二項定理』

$\sqrt{1-x^2}$ を無限級数に展開してみましょう。

(これを行なったのはニュートンです。)

64

まず，素朴に計算してみます。

2乗して $1-x^2$ となるためには ［1とx^2の項が必要なので］最初は $1-\frac{1}{2}x^2$ で始めます。

$$\left(1-\frac{1}{2}x^2\right)^2 = 1-x^2+\frac{1}{4}x^4$$

$\frac{1}{4}x^4$ が余分なので，それを消すために $-\frac{1}{8}x^4$ を追加して，

$$\left(1-\frac{1}{2}x^2-\frac{1}{8}x^4\right)^2 = 1-x^2+\frac{1}{8}x^6+\frac{1}{64}x^8$$

$\frac{1}{8}x^6+\frac{1}{64}x^8$ が余分なので，x^6 の項を消すために $-\frac{1}{16}x^6$ を追加して，

$$\left(1-\frac{1}{2}x^2-\frac{1}{8}x^4-\frac{1}{16}x^6\right)^2 = 1-x^2+\frac{5}{64}x^8+\frac{1}{64}x^{10}+\frac{1}{256}x^{12}$$

……と，やたら手間がかかりますが，このようにしていって答えは得られますね。

これと同じことですが，「筆算で平方根を求める方法」を使えば，はるかに楽に計算できます（下のとおり）。

$$
\begin{array}{r}
1 \\
1 \\
\hline
2-\frac{1}{2}x^2 \\
-\frac{1}{2}x^2 \\
\hline
2-x^2 \quad \to -\frac{1}{8}x^4
\end{array}
\qquad
\begin{array}{r}
1 \; -\frac{1}{2}x^2 \quad \text{次は} -\frac{1}{8}x^4 \\
\sqrt{1-x^2} \\
1 \\
\hline
-x^2 \\
-x^2+\frac{1}{4}x^4 \\
\hline
-\frac{1}{4}x^4
\end{array}
$$

では，もっと単純に——

二項定理より，

$$(1-x^2)^{\frac{1}{2}} = 1-\frac{1}{2}x^2-\frac{1}{8}x^4-\frac{1}{16}x^6-\frac{5}{128}x^8-\cdots$$

《二項定理》

ちなみに $(1-x^2)^a$ を二項定理で展開すると，
$$1 - ax^2 + \frac{1}{2!}a(a-1)x^4 - \frac{1}{3!}a(a-1)(a-2)x^6 + \frac{1}{4!}a(a-1)(a-2)(a-3)x^8 - \cdots$$

a が正の整数でない場合，これは無限級数になります。
（a に $\frac{1}{2}$ を代入したのが，上記の答えです。）

　この（いわば無限級数版の）二項定理を発見したのはニュートンです。ニュートンは，無限級数を使って面積を計算していたときに，これを発見したそうです。

> **コラム** 『ペル方程式 $x^2-71y^2=1$ の解（*）を，連分数を使って探してみよう』

(*) x, y ともに正の整数である解

$\sqrt{71}$ を連分数で表わしたときの近似分数を $\dfrac{p}{q}$ とすると，
$\dfrac{p^2}{q^2} \approx 71$

したがって，$p^2 - 71q^2 \approx 0$ なので，近似分数をチェックすれば，ペル方程式の解が見つかりそうな気がしますね。

ですから，さっそくそれを試してみましょう。

$$\sqrt{71} = 8 + \cfrac{1}{2 + \cfrac{1}{2 + \cfrac{1}{1 + \cfrac{1}{7 + \cfrac{1}{1 + \cfrac{1}{2 + \cfrac{1}{2+\cdots}}}}}}}$$

第1次近似　$8 + \dfrac{1}{2} = \dfrac{17}{2}$，$p^2 - 71q^2 = 5$

第2次近似　$8 + \dfrac{1}{2 + \dfrac{1}{2}} = \dfrac{42}{5}$，$p^2 - 71q^2 = -11$

第3次近似　$\dfrac{59}{7}$，$p^2 - 71q^2 = 2$

第4次近似　$\dfrac{455}{54}$，$p^2 - 71q^2 = -11$

第5次近似　$\dfrac{514}{61}$，$p^2 - 71q^2 = 5$

第6次近似　$\dfrac{1483}{176}$，$p^2 - 71q^2 = -7$

第7次近似　$\dfrac{3480}{413}$，$p^2 - 71q^2 = 1$（見つかりました）

ちなみに，これ（$x=3480$, $y=413$）が最小解です。

以上，ペル方程式 $x^2 - Dy^2 = 1$（Dは平方数ではない整数）で，$D=71$ の場合の話でした。

ところで，Dの値によっては，$p^2 - Dq^2$ の値が1ではなく

-1 となる場合があります。たとえば，$D=13$ のときがそうです。

$$\sqrt{13} = 3 + \cfrac{1}{1+\cfrac{1}{1+\cfrac{1}{1+\cfrac{1}{1+\cfrac{1}{6+\cdots}}}}}$$

この場合は第 4 次近似のときに，$\dfrac{p}{q}=\dfrac{18}{5}$，$p^2-13q^2=-1$ となります。

このようなとき，その結果を利用できないものでしょうか？

もちろん，利用できます。

$p^2-Dq^2=-1$ の場合は，両辺を 2 乗すると，
$p^4+D^2q^4-2Dp^2q^2=1$
∴ $(p^2+Dq^2)^2-D(2pq)^2=1$

というわけで，$x=p^2+Dq^2$，$y=2pq$ がペル方程式の解（の 1 つ）となるのです。

たとえば，$D=13$ のとき（つまり，$x^2-13y^2=1$ のとき）は，$x=649$，$y=180$ が解の 1 つです——ちなみに，これが最小解。

◎おまけの問題『ペル方程式 $x^2-61y^2=1$』

フェルマー（Pierre de Fermat）は1657年に，知人の数学者たちに，ペル方程式 $x^2-61y^2=1$ を解くように求め，そのうちの何人かは最小解を見つけたそうです（J.H.Silverman著，『はじめての数論』，鈴木治郎訳，ピアソンエデュケーション）。

この最小解（x, y ともに正の整数である解で，値が最小のもの）は信じがたいほどの巨大な数です。あなたはこの解がわかりますか？

【答え】$x=1766319049$，$y=226153980$

（参考）

$\sqrt{61} = 7 + \dfrac{1}{1} + \dfrac{1}{4} + \dfrac{1}{3} + \dfrac{1}{1} + \dfrac{1}{2} + \dfrac{1}{2} + \dfrac{1}{1} + \dfrac{1}{3} + \dfrac{1}{4} + \dfrac{1}{1} + \dfrac{1}{14} + \cdots$

で，第10次近似は $\frac{29718}{3805}$ で，$29718^2 - 61 \cdot 3805^2 = -1$ です。

★★★

同じ1657年にブラウンカーは，ペル方程式を連分数を使って解く方法を示しました。そして，その方法の有効性を示すために，ペル方程式 $x^2 - 313y^2 = 1$ の最小解，
($x = 32188120829134849$, $y = 1819380158564160$)
を数時間あまりで求めたそうです（J.H.Silverman著，『はじめての数論』，鈴木治郎訳，ピアソンエデュケーション）。
《$\sqrt{313}$ を連分数で表わしたときの第16次近似は，

$\frac{p}{q} = \frac{126862368}{7170685}$ で，

このとき $p^2 - 313q^2 = -1$ となります。》

65 『直線上のランダムな点との距離』

1辺の長さが1の正方形ABCDのAB上のランダムな位置の点XとDとの距離の期待値（の近似値）は？

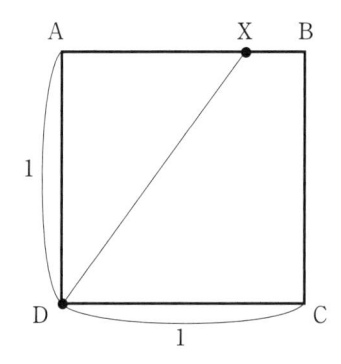

これは，二項定理を利用するための練習問題です。

AXの長さを x とすると，DXの長さは $\sqrt{1+x^2}$

これを二項定理で展開し，

$\sqrt{1+x^2}$
$= 1 + \dfrac{1}{2}x^2 - \dfrac{1}{8}x^4 + \dfrac{1}{16}x^6 - \dfrac{5}{128}x^8 + \dfrac{7}{256}x^{10} - \dfrac{21}{1024}x^{12} + \dfrac{33}{2048}x^{14} - \dfrac{429}{32768}x^{16} + \cdots$

x^{16} の項までを使い，$x=0$ から $x=1$ までで積分すると，約1.14747

したがって，答えの近似値は，約1.15

二項定理利用のための問題なので，上記のような解き方をしていますが，もちろん，

$\displaystyle\int_0^1 \sqrt{1+x^2}\,dx$ をそのまま計算することは可能で，答えは，

$\dfrac{1}{2}\left\{\sqrt{2} + \ln(1+\sqrt{2})\right\}$

です。ちなみにこれは，約1.14779 です。

【参考問題】

「底面の半径2，高さ2の円錐」を軸から1離れたところで垂直に切断します。

このとき切断面（右図グレー部分）の面積は？
（ちなみに，切断の縁の曲線は双曲線）

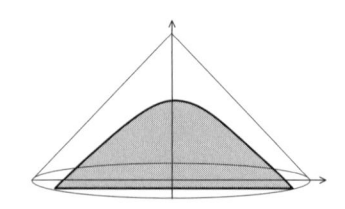

【答え】

頂点から真下に x 離れたところで円錐を水平に切ると，下図のとおりになります。

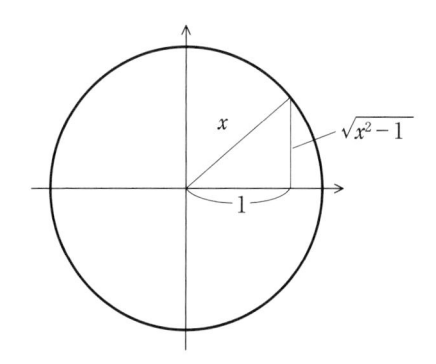

したがって，答えは，

$$2\int_1^2 \sqrt{x^2-1}\,dx$$
$$= \left[x\sqrt{x^2-1} - \ln(x+\sqrt{x^2-1}) \right]_1^2$$
$$= 2\sqrt{3} - \ln(2+\sqrt{3})$$

コラム 『さらに，暇つぶし用のおまけ6問』

(158ページの続き)

以下のペル方程式の最小解は，それぞれ，そこそこ大きな数です。さて，答えは？

① $x^2 - 29y^2 = 1$
② $x^2 - 46y^2 = 1$
③ $x^2 - 53y^2 = 1$
④ $x^2 - 58y^2 = 1$
⑤ $x^2 - 67y^2 = 1$
⑥ $x^2 - 73y^2 = 1$

(ヒントと答えは174ページ——単純作業の問題なので，ヒントがあっても興ざめにはならないでしょう。)

Q66

『e』

e の値は？

e は自然対数の底で，$\lim_{n \to \infty} \left(1 + \dfrac{1}{n}\right)^n$ の値です。

この値（の近似値）を，もちろんあなたは知っているでしょうが，今は，17世紀の人になったつもりで，自力で計算してみましょう。

★「n に何か1つ巨大な値を代入して e の近似値を求めてみよう」という意味ではありませんよ。

ちなみに，$n=1$ から $n=10$ までは以下のようになります（小数点以下4桁以降切り捨て）。

n	$\left(1+\dfrac{1}{n}\right)^n$
1	2
2	2.25
3	2.370
4	2.441
5	2.488
6	2.521
7	2.546
8	2.565
9	2.581
10	2.593

66

$\left(1+\dfrac{1}{n}\right)^n$ を二項定理で展開すると,

$$= 1 + n\dfrac{1}{n} + \dfrac{1}{2!}n(n-1)\cdot\left(\dfrac{1}{n}\right)^2 + \dfrac{1}{3!}n(n-1)(n-2)\cdot\left(\dfrac{1}{n}\right)^3 + \cdots$$

$$= 1 + 1 + \dfrac{1}{2!}\left(1-\dfrac{1}{n}\right) + \dfrac{1}{3!}\left(1-\dfrac{1}{n}\right)\left(1-\dfrac{2}{n}\right) + \cdots$$

したがって,

$$\lim_{n\to\infty}\left(1+\dfrac{1}{n}\right)^n = 1 + \dfrac{1}{1!} + \dfrac{1}{2!} + \dfrac{1}{3!} + \cdots \quad (\approx 2.71828)$$

なお,この式を導いたのは,23歳のニュートンです(1665年)。

67 『ニュートンの指数級数』

ニュートンは e を無限級数で表わした（前問）だけではなく，e^x も無限級数で表わしました（1665年）。

e^x を無限級数で表わしてみましょう。

★この問題を解いたら，ニュートンと対等になった気分に浸れますよ。たとえ何日かかろうと，考え抜いて，解いてしまいましょう！

67

$\lim_{n \to \infty} \left(1 + \dfrac{x}{n}\right)^{\frac{n}{x}} = e$ なので，

$e^x = \lim_{n \to \infty} \left\{ \left(1 + \dfrac{x}{n}\right)^{\frac{n}{x}} \right\}^x = \lim_{n \to \infty} \left(1 + \dfrac{x}{n}\right)^n$

$\left(1 + \dfrac{x}{n}\right)^n = 1 + n\dfrac{x}{n} + \dfrac{1}{2!} n(n-1) \left(\dfrac{x}{n}\right)^2 + \cdots$

$\qquad = 1 + x + \dfrac{1}{2!} \left(1 - \dfrac{1}{n}\right) x^2 + \dfrac{1}{3!} \left(1 - \dfrac{1}{n}\right)\left(1 - \dfrac{2}{n}\right) x^3 + \cdots$

$\therefore\ e^x = \lim_{n \to \infty} \left(1 + \dfrac{x}{n}\right)^n = 1 + \dfrac{x}{1!} + \dfrac{x^2}{2!} + \dfrac{x^3}{3!} + \cdots$

◎ちなみに，この右辺を x で微分すると，$1 + \dfrac{x}{1!} + \dfrac{x^2}{2!} + \dfrac{x^3}{3!} + \cdots$ ともとのままなので，$(e^x)' = e^x$ であることがわかります。

x に 1 を代入すると，前問の値で，
$e^1 = e = 1 + \dfrac{1}{1!} + \dfrac{1}{2!} + \dfrac{1}{3!} + \cdots$

x に -1 を代入すると，
$e^{-1} = \dfrac{1}{e} = 1 - \dfrac{1}{1!} + \dfrac{1}{2!} - \dfrac{1}{3!} + \cdots$

この値は，ずっとあとのページで，不思議なところに現れます。

Q68

『eを連分数で表記』

149ページで既出のように，e は連分数で下のように表記できます。

$$2+\cfrac{2}{2+\cfrac{3}{3+\cfrac{4}{4+\cfrac{5}{5+\cdots}}}}$$

あなたはこれを導けますか？

★まったくわからないと思う人でも，【Q62】『ブラウンカーの連分数』をもう一度見れば，導き方を思いつくかもしれませんよ。

68

$a_1 + a_1 a_2 + a_1 a_2 a_3 + \cdots$
$= \dfrac{a_1}{1} - \dfrac{a_2}{1+a_2} - \dfrac{a_3}{1+a_3} - \dfrac{a_4}{1+a_4} - \cdots$ （147ページに既出）

に $a_1 = \dfrac{1}{2}$, $a_2 = -\dfrac{1}{3}$, $a_3 = -\dfrac{1}{4}$, $a_5 = -\dfrac{1}{5}$, …を代入して,

$$\dfrac{1}{2!} - \dfrac{1}{3!} + \dfrac{1}{4!} - \dfrac{1}{5!} + \cdots = \cfrac{1}{2+\cfrac{2}{2+\cfrac{3}{3+\cfrac{4}{4+\cfrac{5}{5+\cdots}}}}}$$

左辺の式の値は, 2ページ前で見たように, $\dfrac{1}{e}$
したがって,

$$e = 2 + \cfrac{2}{2+\cfrac{3}{3+\cfrac{4}{4+\cfrac{5}{5+\cdots}}}}$$

69

『arcsin x』

arcsin x を無限級数で表わしてみましょう。

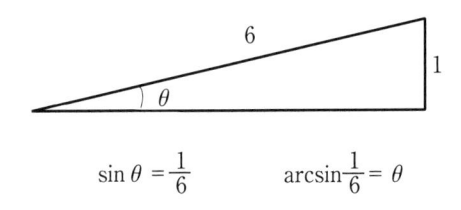

$$\sin \theta = \frac{1}{6} \qquad \arcsin \frac{1}{6} = \theta$$

(なお,arcsin x を最初に無限級数で表わしたのはニュートンです。)

★この問題を解いたら,ニュートンと対等になった気分に浸れますよ。たとえ何日かかろうと,考え抜いて,解いてしまいましょう!

69

$x = \sin y$ とおきます（つまり，$\arcsin x = y$）。

両辺を x で微分し，

$1 = \cos y \dfrac{dy}{dx}$

$\dfrac{dy}{dx} = \dfrac{1}{\cos y} = (1-x^2)^{-\frac{1}{2}}$

ゆえに，$(\arcsin x)' = (1-x^2)^{-\frac{1}{2}}$

右辺を二項定理で展開して，

$= 1 + \dfrac{1}{2}x^2 + \dfrac{3}{8}x^4 + \dfrac{5}{16}x^6 + \dfrac{35}{128}x^8 + \cdots$

両辺を積分して，

$\arcsin x = x + \dfrac{1}{6}x^3 + \dfrac{3}{40}x^5 + \dfrac{5}{112}x^7 + \cdots$

（arcsin0 = 0 なので，右辺に定数項はありません）

ちなみに，$\arccos x$ のほうは，

$\arccos x = \dfrac{\pi}{2} - \arcsin x = \dfrac{\pi}{2} - x - \dfrac{1}{6}x^3 - \dfrac{3}{40}x^5 - \dfrac{5}{112}x^7 - \cdots$

10 『ニュートンの正弦級数と余弦級数』

$\sin x$ を無限級数で表わしてみましょう。

(なお，$\sin x$ を最初に無限級数で表わしたのはニュートンです。)

★この問題を解いたら，ニュートンと対等になった気分に浸れますよ。たとえ何日かかろうと，考え抜いて，解いてしまいましょう！

70

まず，ちょっと実験をしてみましょう。

$$\sin x = x + ax^2 + bx^3 + cx^4 + dx^5 + \cdots \quad \cdots\cdots ①$$

と表わせると仮定します（$\sin 0 = 0$ なので，定数項はありません）。

両辺を x で微分して，

$$\cos x = 1 + 2ax + 3bx^2 + 4cx^3 + 5dx^4 + \cdots$$

再び両辺を x で微分して，

$$-\sin x = 2a + (2\cdot 3)bx + (3\cdot 4)cx^2 + (4\cdot 5)dx^3 + \cdots$$

これと①より，

$$-2a = 0, \ -(2\cdot 3)b = 1, \ -(3\cdot 4)c = a, \ -(4\cdot 5)d = b, \ \cdots$$

したがって，

$$a = 0, \ b = -\frac{1}{2\cdot 3}, \ c = 0, \ d = \frac{1}{2\cdot 3\cdot 4\cdot 5}, \ \cdots\cdots$$

という具合にずっと係数が決まって，

$$\sin x = x - \frac{x^3}{3!} + \frac{x^5}{5!} - \frac{x^7}{7!} + \cdots \quad \cdots\cdots ②$$

となります。これで話が終わりなら簡単ですが，以上でいえることは，

「もしも $\sin x$ が①の右辺の形で表わせるのなら，②の右辺が $\sin x$ である」と（同じことですが）「②の右辺が $\sin x$ でないなら，$\sin x$ は①の右辺の形で表わせない」ということです。②の右辺が $\sin x$ である保証はありません（上記の説明だけでは不十分です）。

では，今度は正しく導きましょう。

部分積分の公式から，

$$\int_0^a g'(x)f(x)\,dx = \left[g(x)f(x)\right]_0^a - \int_0^a g(x)f'(x)\,dx$$

$g(x) = x-a$, $f(x) = (\sin x)'$ とおくと，$g'(x) = 1$ で，

$$\int_0^a (\sin x)'\,dx = \left[(x-a)(\sin x)'\right]_0^a - \int_0^a (x-a)(\sin x)''\,dx$$

$$\therefore \sin a = a - \int_0^a (x-a)(\sin x)''\,dx$$

上式の右端の項を部分積分し，得られた式の右端の項をさらに部分積分し，……とずっと続けていくことで，下式が得られます。

$$\sin a = a - \frac{a^3}{3!} + \frac{a^5}{5!} - \frac{a^7}{7!} + \cdots$$

結局，②の式は正しいのです。

◎$\cos x$ に関しては，②の両辺をxで微分して

$$\cos x = 1 - \frac{x^2}{2!} + \frac{x^4}{4!} - \frac{x^6}{6!} + \cdots$$

これを導いたのもニュートンです。

> **コラム** 『さらに，暇つぶし用のおまけ６問
> （162ページ）のヒント』

（連分数の表記法については148ページを参照のこと）

$\sqrt{29} = 5 + \dfrac{1}{2} + \dfrac{1}{1} + \dfrac{1}{1} + \dfrac{1}{2} + \dfrac{1}{10} + \cdots$

$\sqrt{46} = 6 + \dfrac{1}{1} + \dfrac{1}{3} + \dfrac{1}{1} + \dfrac{1}{1} + \dfrac{1}{2} + \dfrac{1}{6} + \dfrac{1}{2} + \dfrac{1}{1} + \dfrac{1}{1} + \dfrac{1}{3} + \dfrac{1}{1} + \dfrac{1}{12} + \cdots$

$\sqrt{53} = 7 + \dfrac{1}{3} + \dfrac{1}{1} + \dfrac{1}{1} + \dfrac{1}{3} + \dfrac{1}{14} + \cdots$

$\sqrt{58} = 7 + \dfrac{1}{1} + \dfrac{1}{1} + \dfrac{1}{1} + \dfrac{1}{1} + \dfrac{1}{1} + \dfrac{1}{1} + \dfrac{1}{14} + \cdots$

$\sqrt{67} = 8 + \dfrac{1}{5} + \dfrac{1}{2} + \dfrac{1}{1} + \dfrac{1}{1} + \dfrac{1}{7} + \dfrac{1}{1} + \dfrac{1}{1} + \dfrac{1}{2} + \dfrac{1}{5} + \dfrac{1}{16} + \cdots$

$\sqrt{73} = 8 + \dfrac{1}{1} + \dfrac{1}{1} + \dfrac{1}{5} + \dfrac{1}{5} + \dfrac{1}{1} + \dfrac{1}{1} + \dfrac{1}{16} + \cdots$

【答え】

① $x = 9801$, $y = 1820$
② $x = 24335$, $y = 3588$
③ $x = 66249$, $y = 9100$
④ $x = 19603$, $y = 2574$
⑤ $x = 48842$, $y = 5967$
⑥ $x = 2281249$, $y = 267000$

71

『正n角形の面積』

半径1の円に内接する正n角形の面積を，三角関数を使わずに無限級数で表わしてみましょう。

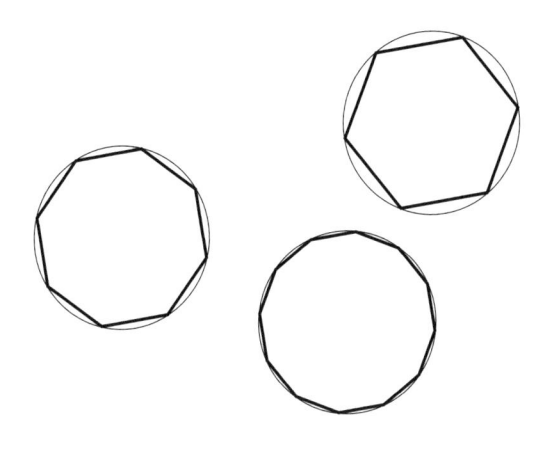

★無限級数を使う遊びの問題です。

71

求める面積 S は,

$$S = n \cdot \cos\frac{\pi}{n} \cdot \sin\frac{\pi}{n}$$

$$= \frac{n}{2}\sin\frac{2\pi}{n}$$

$$= \pi - \frac{2\pi^3}{3n^2} + \frac{2\pi^5}{15n^4} - \frac{4\pi^7}{315n^6} + \cdots \quad [前問参照]$$

◎ (奇抜な?) 参考

n が小さな値のときに,誤差が大きいのはしかたありませんが,その例をちょっと見てみましょう。

半径1の円に内接するのが正方形なら,当然ながら面積は2ですが,上記の無限級数 ($n=4$) の第4項までの値は,約1.9996862 となります。

正五角形の場合は,面積は, $\dfrac{5}{4\sqrt{2}} \cdot \sqrt{5+\sqrt{5}} \approx 2.377641$

上記の無限級数 ($n=5$) の第4項までの値 ≈ 2.377588

正六角形の場合は,面積は, $\dfrac{3\sqrt{3}}{2} \approx 2.5980762$

上記の無限級数 ($n=6$) の第4項までの値 ≈ 2.5980638

『球面三角形の面積』

半径1の球面上に各辺の長さが1の球面三角形があります。この三角形の面積（球面上の面積）の近似値は？

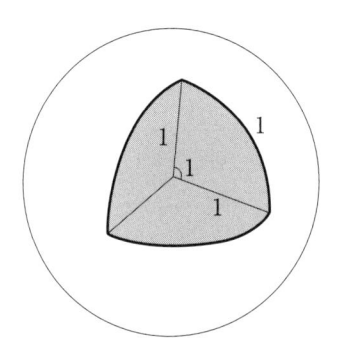

★無限級数を利用するための練習問題です。昔の人になったつもりで，関数電卓を使用せずに解いて遊んでみましょう。

A72

$\cos a = \cos b \cos c + \sin b \sin c \cos A$ [Q21参照]に$a=b=c=1$を代入し,
$$\cos A = \frac{\cos 1}{1+\cos 1}$$
$\cos 1 \approx 0.5403023$ [Q70の解説の最後の$\cos x$の式を使用]なので,
$\cos A \approx 0.3507768$
∴ $A \approx 1.21239585$ (約$69.47°$) [Q69の解説の最後のarccos xの式を使用]

したがって,求める面積Sは,
$S = 3A - \pi \approx 0.4955949$ [Q20参照]

『ランベルトの連分数』

$$\tan x = \cfrac{x}{1 - \cfrac{x^2}{3 - \cfrac{x^2}{5 - \cfrac{x^2}{7 - \cfrac{x^2}{9 - \cdots}}}}}$$

これは1766年に J. H. Lambert（1728年～1777年）が発見した，有名な連分数です。

あなたはこれを導けますか？

導き方に気づいたら，あとは簡単です。要は，気づくか否か，です。

気づくまで何時間も何日も考えてみましょう。気づいた瞬間には，「なーんだ，こういうことだったのか」と苦笑する反面，とても幸せな気持ちになれるでしょう。あきらめないで！

$\tan x = \dfrac{\sin x}{\cos x}$ で，この分子と分母を無限級数に置き換え，あとは単に式変形をしていくだけです（ランベルトはそのようにして，この連分数を導きました）。

$$\tan x = \frac{\sin x}{\cos x}$$

$$= \frac{x - x^3/6 + x^5/120 - \cdots}{1 - x^2/2 + x^4/24 - \cdots}$$

$$= \cfrac{x}{\cfrac{1 - x^2/2 + x^4/24 - \cdots}{1 - x^2/6 + x^4/120 - \cdots}}$$

$$= \cfrac{x}{1 - \cfrac{x^2/3 - x^4/30 + \cdots}{1 - x^2/6 + x^4/120 - \cdots}}$$

$$= \cfrac{x}{1 - \cfrac{x^2}{\cfrac{1 - x^2/6 + x^4/120 - \cdots}{1/3 - x^2/30 + x^4/840 - \cdots}}}$$

$$= \cfrac{x}{1 - \cfrac{x^2}{3 - \cfrac{x^2}{\cfrac{1/3 - x^2/30 + \cdots}{1/15 - x^2/210 + \cdots}}}}$$

74

『オイラーの恒等式』

$e^{i\pi} = -1$

を導きましょう。

じつに感動的な式ですね。この式を初めて見た人は、この式からしばらく目を離せないでしょうね。

★この問題を解いたら、オイラーと対等になった気分に浸れますよ。たとえ何日かかろうと、考え抜いて、解いてしまいましょう！

$$e^x = 1 + x + \frac{x^2}{2!} + \frac{x^3}{3!} + \cdots \quad (166ページに既出)$$

x に ix を代入し,
$$e^{ix} = 1 + ix - \frac{x^2}{2!} - \frac{ix^3}{3!} + \frac{x^4}{4!} + \frac{ix^5}{5!} - \cdots$$
$$= \left(1 - \frac{x^2}{2!} + \frac{x^4}{4!} - \cdots\right) + i\left(x - \frac{x^3}{3!} + \frac{x^5}{5!} - \cdots\right)$$
$$= \cos x + i\sin x$$

x に π を代入し,
$$e^{i\pi} = \cos \pi + i\sin \pi = -1$$

これが信じられない人がいるかもしれないので, 図を示しましょう。

$$e^{i\pi} = 1 + i\pi - \frac{\pi^2}{2!} - \frac{i\pi^3}{3!} + \frac{\pi^4}{4!} + \frac{i\pi^5}{5!} - \frac{\pi^6}{6!} - \frac{i\pi^7}{7!} + \frac{\pi^8}{8!} + \cdots$$

右辺を1項ずつ足していきます。足したところまでの和が複素平面上をどのように移動するかを見たのが下図です。[小数点以下1ケタまでの四捨五入値でプロット]

-1 のところに向かっていくのがわかるでしょう？

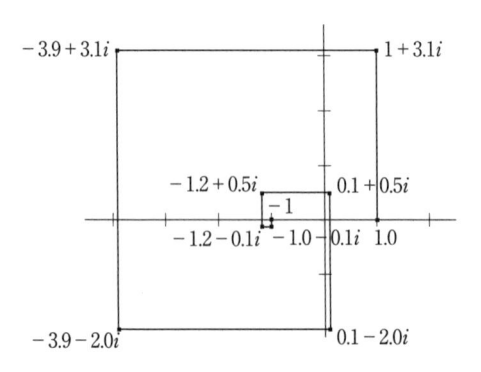

◎第10項までの和は,およそ $-0.976+0.0069i$ で,すでにほぼ -1 です ね。

◎「オイラーの公式」

$e^{ix} = \cos x + i \sin x$ [オイラーの公式]

x を $-x$ で置き換えると,

$e^{-ix} = \cos x - i \sin x$

これら2式より,

$\cos x = \dfrac{e^{ix} + e^{-ix}}{2}$

$\sin x = \dfrac{e^{ix} - e^{-ix}}{2i}$

これらも「オイラーの公式」です。役立つ公式です。

コラム 『ペル方程式 $x^2 - Dy^2 = 1$ の最小解（*）』

(*) 最小の正の整数解

部分分子の値がすべて1となっている連分数は，しばしば正則連分数とよばれます。
（正則連分数の例）

$$\sqrt{7} = 2 + \cfrac{1}{1 + \cfrac{1}{1 + \cfrac{1}{1 + \cfrac{1}{4 + \cdots}}}}$$

正則連分数は，部分分子の1の表記を省略して，以下のように書くことができます。

$\sqrt{7} = [2; 1, 1, 1, 4, 1, 1, 1, 4, 1, 1, 1, 4, \cdots]$

D が平方数でないとき，$\sqrt{D}$ の連分数は，上記のように必ず周期的な繰り返しとなります。このような場合，繰り返す部分の上に線を引いて，以下のように表記できます。

$[2; \overline{1, 1, 1, 4}]$

上に線がある部分の項数を「周期」とよびます。たとえば，上記の場合は4項あるので周期は4です。

1周期目の最後の項の1つ前

$[2; \overline{1, 1, 1, 4}]$
　　　↑
　　ここ

までの近似分数 $\dfrac{p}{q}$ での $p^2 - Dq^2$ の値は，1（周期が偶数の場合）か -1（周期が奇数の場合）となります。1の場合はその p と q がペル方程式の最小解，-1 の場合は $p^2 + Dq^2$, $2pq$ が最小解となります。

75

『驚愕の値, i^i』

i^i の値は？

★この値についてオイラーは，1746年6月に，クリスティアン・ゴールドバッハ宛ての手紙の中に書きました。

$$i = \cos\left(\frac{(4n+1)\pi}{2}\right) + i\sin\left(\frac{(4n+1)\pi}{2}\right) = e^{\frac{i(4n+1)\pi}{2}} \quad [n \text{ は任意の整数}]$$

$$\therefore\ i^i = e^{\left(\frac{i(4n+1)\pi}{2}\right)i}$$

$$= e^{\frac{-(4n+1)\pi}{2}}$$

$$= \frac{1}{e^{\frac{(4n+1)\pi}{2}}}$$

つまり，i^i の値は実数です——しかも，その値は無限個あるのです。

以下，数例だけ値を見てみましょう（下表で値が書いてない部分は切り捨ててあります）。

$n = 0$ のとき，$i^i = 0.207879576\ldots$

$n = 1$ のとき，$i^i = 3.8820320\ldots \times 10^{-4}$

$n = 2$ のとき，$i^i = 7.24947251598\ldots \times 10^{-7}$

また，$n = -1$ のとき，$i^i = 111.3177784898\ldots$

$n = -2$ のとき，$i^i = 59609.7414928\ldots$

76 『バーゼル問題』

――この問題を自力で解けたら,あなたは紛れもなく「天才中の天才」！――

$$\frac{1}{1^2}+\frac{1}{2^2}+\frac{1}{3^2}+\frac{1}{4^2}+\frac{1}{5^2}+\cdots$$

この無限級数の値は？

オルデンブルクが1673年にライプニッツに送った手紙の中でこの質問をし,ライプニッツは答えられませんでした。

ヤーコプ・ベルヌーイもこの問題を解けず,『無限級数の扱い』(1689年)の中で,この級数の値について「もしも誰かが私たちの努力から逃れていた発見をして報告してくれたなら,私たちはその人に大いに感謝します」と書きました。このときベルヌーイはバーゼル大学にいたところから,この問題は『バーゼル問題』という名で呼ばれるようになりました。

この問題を解ける人は長らく現われませんでした。

そして,1735年,28歳のオイラーがこれを解き,世界的な名声を得たのでした。

76

$\sin x$ の無限級数展開より,

$$\frac{\sin x}{x} = 1 - \frac{x^2}{3!} + \frac{x^4}{5!} - \frac{x^6}{7!} + \cdots \quad \cdots\cdots ①$$

$\frac{\sin x}{x} = 0$ となるのは, $x = \pm\pi$, $\pm 2\pi$, $\pm 3\pi$, $\pm 4\pi$, $\cdots$ のときなので,

①は下のように書くことができる。

$$\frac{\sin x}{x} = \left(1 - \frac{x^2}{\pi^2}\right)\left(1 - \frac{x^2}{(2\pi)^2}\right)\left(1 - \frac{x^2}{(3\pi)^2}\right) \cdots$$

右辺を展開したときの x^2 の係数は, ①の x^2 の係数と同じなので,

$$-\frac{1}{3!} = -\left(\frac{1}{\pi^2} + \frac{1}{(2\pi)^2} + \frac{1}{(3\pi)^2} + \cdots\right)$$

$$\therefore \frac{1}{6} = \frac{1}{\pi^2}\left(\frac{1}{1^2} + \frac{1}{2^2} + \frac{1}{3^2} + \cdots\right)$$

$$\therefore \frac{\pi^2}{6} = \frac{1}{1^2} + \frac{1}{2^2} + \frac{1}{3^2} + \cdots$$

オイラーはのちに,

$$\sum_{k=1}^{\infty} \frac{1}{k^4} = \frac{\pi^4}{90}$$

$$\sum_{k=1}^{\infty} \frac{1}{k^6} = \frac{\pi^6}{945}$$

など, $\frac{1}{k^n}$ の n が偶数の場合の値をすべて示しました。

★

> $\sum_{k=1}^{\infty} \frac{1}{k^3}$ の値はいまだに不明です。
> この値をつきとめたら,あなたは世界的な名声を得るでしょう。

『ウォリスの等式』

$$\frac{1\cdot 3}{2\cdot 2}\cdot\frac{3\cdot 5}{4\cdot 4}\cdot\frac{5\cdot 7}{6\cdot 6}\cdot\frac{7\cdot 9}{8\cdot 8}\cdots$$
$$=\frac{2}{\pi}$$

　ウォリスは膨大な計算を行なってこの等式を導いたそうですが，『バーゼル問題』の解を見たあとでは，この等式は容易に導けます……ね？　あなたは導けますか？

　次ページの解き方を示したのは，オイラーです。

＊ジョン・ウォリス（John Wallis, 1616年〜1703年）
　πを表わす等式を無限積で導いた2人目の人。無限を表わす記号として∞を初めて用いた人です。

$$\frac{\sin x}{x} = \left(1 - \frac{x^2}{\pi^2}\right)\left(1 - \frac{x^2}{(2\pi)^2}\right)\left(1 - \frac{x^2}{(3\pi)^2}\right) \cdots$$

x に $\frac{\pi}{2}$ を代入し，

$$\frac{2}{\pi} = \left(1 - \frac{1}{4}\right)\left(1 - \frac{1}{16}\right)\left(1 - \frac{1}{36}\right)\left(1 - \frac{1}{64}\right) \cdots$$

$$= \frac{1 \cdot 3}{2 \cdot 2} \cdot \frac{3 \cdot 5}{4 \cdot 4} \cdot \frac{5 \cdot 7}{6 \cdot 6} \cdot \frac{7 \cdot 9}{8 \cdot 8} \cdot \cdots$$

78 『スターリングの公式』

ジェイムズ・スターリング（James Stirling, 1692年～1770年）は，前項のウォリスの無限積を使って，下の近似式を導きました。

$$n! \approx \sqrt{2\pi n}\left(\frac{n}{e}\right)^n$$

あなたも，これを導けますか？

★難しい問題です。解けるまで少なくとも数日間は考えてみましょう。

$$\ln(n!) = \sum_{k=1}^{n} \ln k \approx \int_{\frac{1}{2}}^{n+\frac{1}{2}} \ln x \, dx = \left[x(\ln x - 1) \right]_{\frac{1}{2}}^{n+\frac{1}{2}}$$

$\ln x$ のグラフの形ゆえに,上の定積分で $-\frac{1}{2}\left(\ln\frac{1}{2} - 1\right)$ の部分の誤差が大きいので,この定数部分を誤差こみで $\ln C$ とおくと,

$$\ln(n!) \approx \left(n+\frac{1}{2}\right)\left(\ln\left(n+\frac{1}{2}\right) - 1\right) + \ln C$$

$$\therefore \; n! \approx C\left(n+\frac{1}{2}\right)^{n+\frac{1}{2}} \cdot \left(\frac{1}{e}\right)^{n+\frac{1}{2}} = C\left(n+\frac{1}{2}\right)^{\frac{1}{2}} \cdot \left(1+\frac{1}{2n}\right)^n \cdot \left(\frac{n}{e}\right)^n \left(\frac{1}{e}\right)^{\frac{1}{2}}$$

$$\lim_{n \to \infty} \left(n+\frac{1}{2}\right)^{\frac{1}{2}} = \sqrt{n}, \quad \lim_{n \to \infty} \left(1+\frac{1}{2n}\right)^n = e^{\frac{1}{2}}$$

なので,

$$n! \approx C \sqrt{n} \left(\frac{n}{e}\right)^n$$

ところで,前項のウォリスの等式では,右辺の分母が $2n$ までの分母の値は,

$$((2n)!!)^2 = 4^n (n!)^2 \qquad\qquad\qquad\qquad [!! は2重階乗]$$

分子の値は,

$$(2n+1)((2n-1)!!)^2 = \frac{(2n+1)((2n)!)^2}{((2n)!!)^2}$$

したがって,n が十分大きいとき,

$$\frac{2}{\pi} \approx \frac{(2n+1)((2n)!)^2}{4^{2n}(n!)^4}$$

$n!$ に $C\sqrt{n}\left(\dfrac{n}{e}\right)^n$ を,$(2n)!$ に $C\sqrt{2n}\left(\dfrac{2n}{e}\right)^{2n}$ を代入して,

$$\frac{2}{\pi} \approx \frac{2(2n+1)}{C^2 n} \approx \frac{4}{C^2}$$

$$\therefore \; C \approx \sqrt{2\pi}$$

したがって,

$$n! \approx \sqrt{2\pi n}\left(\frac{n}{e}\right)^n$$

79 『ベルヌーイ・オイラー (Bernoulli−Euler)の問題』

《1》

場所1からkまでに,異なるk個の物がある。これらを並び替えて,どれもがもとの位置にないようにする。何通りの方法がある?

《2》

「k個の物をランダムに並び替えたとき,どれもがもとの位置にない状態になっている確率」は,kがかぎりなく大きいとき,どんな値になる?

★言うまでもなく,《1》は《2》を解くための準備です。

79

《1》

方法の数をM_kとする。

物を$a_1, a_2, \ldots, a_k$とし、それらの位置を、$P_1, P_2, \ldots, P_k$とする。

①a_1がP_2に行く場合

この場合、(i)a_2がP_1に行く場合と、(ii)a_2がP_1に行かない場合がある。

(i)残りの$k-2$個がもとの位置にないようにする方法は、M_{k-2}通り。

(ii)a_2はP_1になく、a_3はP_3になく、a_4はP_4になく、a_5はP_5になく……と配置する方法は、M_{k-1}通り。

したがって、a_1がP_2に行くのは、$M_{k-1}+M_{k-2}$通り。

②a_1がP_3に行く場合

①同様に、$M_{k-1}+M_{k-2}$通り。

以下同様で、結局、a_1がP_kに行く場合までを合計し、

$$M_k = (k-1)(M_{k-1}+M_{k-2})$$

$$\begin{aligned}
\therefore M_k - kM_{k-1} &= -1(M_{k-1}-(k-1)M_{k-2}) \\
&= (-1)^2(M_{k-2}-(k-2)M_{k-3}) \\
&= (-1)^3(M_{k-3}-(k-3)M_{k-4}) \\
&\quad \vdots \\
&= (-1)^{k-2}(M_2-2M_1)
\end{aligned}$$

$-1^{k-2}=-1^k$であり、$M_1=0$, $M_2=1$なので、

$$M_k - kM_{k-1} = (-1)^k$$

両辺を$k!$で割り、

$$\frac{M_k}{k!} - \frac{M_{k-1}}{(k-1)!} = \frac{(-1)^k}{k!}$$

kに$2, 3, 4, \cdots, k$を順に代入し、

$$\frac{M_2}{2!} - \frac{M_1}{1!} = \frac{(-1)^2}{2!}$$

$$\frac{M_3}{3!} - \frac{M_2}{2!} = \frac{(-1)^3}{3!}$$

$$\vdots$$

$$\frac{M_k}{k!} - \frac{M_{k-1}}{(k-1)!} = \frac{(-1)^k}{k!}$$

これらをすべて足すと，

$$\frac{M_k}{k!} = \frac{(-1)^2}{2!} + \frac{(-1)^3}{3!} + \cdots\cdots + \frac{(-1)^k}{k!}$$

$$\therefore M_k = k!\left(\frac{1}{2!} - \frac{1}{3!} + \frac{1}{4!} - \frac{1}{5!} + \cdots + \frac{(-1)^k}{k!}\right)$$

《2》

求める確率 P は，

$$P = \lim_{k \to \infty} \frac{1}{k!} \cdot k!\left(\frac{1}{2!} - \frac{1}{3!} + \frac{1}{4!} - \frac{1}{5!} + \cdots + \frac{(-1)^k}{k!}\right)$$

$$= \frac{1}{2!} - \frac{1}{3!} + \frac{1}{4!} - \frac{1}{5!} + \cdots$$

$$= \frac{1}{e} \quad (166ページ参照)$$

k が ∞ のときに，この確率が $\frac{1}{e}$ に収束することを示したのはオイラーです。

コラム『e の正則連分数』

(正則連分数の表記については,184ページ『ペル方程式〜の最小解』を参照のこと)

$\dfrac{e-1}{e+1} = [0; 2, 6, 10, 14, 18, 22, 26, 30, \cdots]$(オイラー)

$e = [2; 1, 2, 1, 1, 4, 1, 1, 6, 1, 1, 8, 1, 1, 10, 1, 1, 12, 1, \cdots]$(オイラー)

$\sqrt{e} = [1; 1, 1, 1, 5, 1, 1, 9, 1, 1, 13, 1, 1, 17, 1, 1, 21, 1, 1, 25, 1, 1,$
$\qquad 29, 1, \cdots]$

$\sqrt[3]{e} = [1; 2, 1, 1, 8, 1, 1, 14, 1, 1, 20, 1, 1, 26, 1, 1, 32, 1, 1, 38, 1, 1,$
$\qquad 44, 1, \cdots]$

$\sqrt[4]{e} = [1; 3, 1, 1, 11, 1, 1, 19, 1, 1, 27, 1, 1, 35, 1, 1, 43, 1, 1, 51, 1,$
$\qquad 1, 59, 1, \cdots]$

$\sqrt[10]{e} = [1; 9, 1, 1, 29, 1, 1, 49, 1, 1, 69, 1, 1, 89, 1, 1, 109, 1, \cdots]$

$\sqrt[100]{e} = [1; 99, 1, 1, 299, 1, 1, 499, 1, 1, 699, 1, 1, 899, 1, 1, 1099, 1, \cdots]$

$\sqrt[1000]{e} = [1; 999, 1, 1, 2999, 1, 1, 4999, 1, 1, 6999, 1, 1, 8999, 1, 1,$
$\qquad 10999, 1, \cdots]$

$$\sqrt[1000]{e} = 1 + \cfrac{1}{999 + \cfrac{1}{1 + \cfrac{1}{1 + \cfrac{1}{2999 + \cdots}}}}$$

美しい!

$e^2 = [7; 2, 1, 1, 3, 18, 5, 1, 1, 6, 30, 8, 1, 1, 9, 42, 11, 1, 1, 12, 54, 14,$
$\qquad 1, \cdots]$

$c_0 = 7$, $c_1 = 2$, $c_{5k-2} = 1$, $c_{5k-1} = 1$, $c_{5k} = 3k$, $c_{5k+1} = 12k+6$, $c_{5k+2} = 3k+2$
($k \geq 1$)

と規則的に数字が並んでいます。

最初の部分分子を2にすると,(正則ではなくなるけれど)

それ以降は下記のように書くことができて，数字の並びの規則性がよりわかりやすくなります。

$$e^2 = 7 + \cfrac{2}{5 + \cfrac{1}{7 + \cfrac{1}{9 + \cfrac{1}{11 + \cfrac{1}{13 + \cfrac{1}{15 + \cdots}}}}}}$$

e^3 の正則連分数は，

$e^3 = [20 ; 11, 1, 2, 4, 3, 1, 5, 1, 2, 16, 1, 1, 16, 2, 13, 14, 4, 6, 2, 1, 1, 2, 2, 2, \cdots]$

となって，規則性があるようには見えませんが，以下のように書き換えると，（正則にはほど遠いけれど）途中から数字が規則的に並びます。

$$e^3 = 1 + \cfrac{3}{1 - \cfrac{3}{5 - \cfrac{6}{6 - \cfrac{9}{7 - \cfrac{12}{8 - \cfrac{15}{9 - \cfrac{18}{10 - \cdots}}}}}}}$$

e^n は同様に，以下のように表記することができます。

$$e^n = 1 + \cfrac{n}{1 - \cfrac{n}{n+2 - \cfrac{2n}{n+3 - \cfrac{3n}{n+4 - \cfrac{4n}{n+5 - \cdots}}}}}$$

小野田博一（おのだ　ひろかず）

東京大学医学部保健学科卒業。同大学院博士課程単位取得。大学院のときに2年間、東京栄養食糧専門学校で講師を務める。日本経済新聞社データバンク局に約6年勤務。JPCA（日本郵便チェス協会）第21期日本チャンピオン。ICCF（国際通信チェス連盟）インターナショナル・マスター。著書に『論理的な作文・小論文を書く方法』『論理思考力を鍛える本』（以上、日本実業出版社）、『13歳からの論理ノート』『13歳からの数学トレーニング』『13歳からの勉強ノート』（以上、PHP研究所）、『超絶難問論理パズル』（講談社）などがある。

時代を超えて天才の頭脳に挑戦！

数学〈超絶〉難問

2014年6月1日　初版発行
2014年9月10日　第3刷発行

著　者　小野田博一　©H. Onoda 2014
発行者　吉田啓二

発行所　株式会社日本実業出版社　東京都文京区本郷3-2-12　〒113-0033
　　　　　　　　　　　　　　　　大阪市北区西天満6-8-1　〒530-0047

編集部　☎03-3814-5651
営業部　☎03-3814-5161　振　替　00170-1-25349
　　　　　　　　　　　　http://www.njg.co.jp/

印　刷／堀内印刷　　製　本／共栄社

この本の内容についてのお問合せは、書面かFAX（03-3818-2723）にてお願い致します。
落丁・乱丁本は、送料小社負担にて、お取り替え致します。

ISBN 978-4-534-05187-5　Printed in JAPAN

日本実業出版社の本

なぜ、カフェのコーヒーは「高い」と思わないのか?
価格の心理学

リー・コールドウェル 著
武田玲子 訳
定価 本体1600円(税別)

「価格」をテーマに、ポジショニングやPR、マーケティングなど商品戦略を解説。期待の新ドリンク「チョコレートポット」は絶妙な価格戦略で、ロイヤルカスタマーを獲得できるのか⁉

「それ、根拠あるの?」と言わせない
データ・統計分析ができる本

柏木吉基
定価 本体1600円(税別)

データ集めからリスクや収益性の見積り、プレゼン資料作成までのストーリーを通し、仕事でデータ・統計分析を使いこなす方法を紹介。日産で実務に精通する著者の「コツ」満載!

なぜ、システム開発は必ずモメるのか?
49のトラブルから学ぶプロジェクト管理術

細川義洋
定価 本体2000円(税別)

トラブルの解決法と事前対策を、ダメージの大きい案件に絞ってストーリー形式で解説。今すぐ使えるチェックリストや参考資料も多数掲載した、IT技術者、プロマネ必携の書。

定価変更の場合はご了承ください。